最簡單的生產製造書 ⑩

圖解 機械設計

制定**工程規格** → **零件組裝** → **查核** → **導入量產**，
以**設計創意**突破瓶頸的**最高製造法**

西村仁 著
蘇星壬 譯

U0029918

前言

必要的設計知識及挑選知識

現今有關機械設計的重要知識與以往截然不同。以前需要像是彈簧、齒輪、軸承、離合器、制動器等機械零件的設計知識，這是因為當時市面上販售的數量很少，必須自己設計的緣故。現在機械工程學系的教科書中也還會用許多公式來講解，但是其實已經不需要這些設計知識了。

機械零件能夠廣泛使用於許多的機械中，日本現在有許多廠商在販售通用規格的零件，直接購買遠比自己從頭開始設計來得經濟實惠，且能在短時間內取得。也就是說，需要的不是這些機械零件的「設計知識」，而是「挑選知識」。

本書的特色

本書基於上述理由，彙整設計機械時必要的基本知識來介紹。此外，機械作用力的相關知識屬於高中物理力學的範疇，所以本書會省略詳細的說明。

（1）本書是以初次從事機械設計的人為對象，說明重點會放在必須事先知道的基本知識。

（2）介紹如何挑選功能多樣化的市售品。

（3）透過掌握材料的性質及加工法的要點，了解降低成本設計的訣竅。

（4）介紹提升機械設計效率的「標準化」實際案例。

獻給閱讀本書的各位讀者

本書是為今後要從事機械設計的新進員工、年輕技術人員及設計助理所書寫，同時也可當做技術純熟的設計人員給新進員工的教育參考書籍。

為了讓工科相關的學生也能把本書當做參考書來使用，用了圖表及實際範例來介紹。

本書的構成及閱讀方式

第1章先介紹製造機械的目的及從企劃到導入整體的流程。接著，第2章介紹改變運動型態的連桿機構、凸輪機構，以及齒輪、傳動帶、鏈條、滾珠螺桿等傳達機構。第3章則是介紹螺絲等緊固件。

第4章會講解軸承、彈簧、O形環等市售機械零件的挑選方式，第5章則是說明動力源的馬達及汽缸的使用方式。在第6章及第7章會講解材料及機械加工的基本知識，這裡要學習的是如何選擇材料及有效率的加工方式。

第8章會用具體的範例來介紹降低設計成本的訣竅。在第9章中，會向各位講解感測器的特徵及自動化所需的順序控制相關基本知識。最後，第10章則是講解機械品質數值化的方式及標準化設計。標準化為有效提升設計效率的手段。本書會用具體的範例來介紹，所以請務必把它當做敲門磚找出適合自己的標準化設計。

本書的構成設計成從哪一章開始閱讀皆可，初次從事機械設計的讀者請從第1章按順序閱讀，就算出現難以理解的章節也不要停下來，請先一口氣看到最後。先掌握全貌是非常有效的學習方式。

機械設計的樂趣

　　機械設計沒有正確答案。例如：「把在 A 地點的零件移至 B 地點」這種單純的設計題目，交給 10 位工程師就會有 10 種不同的版本。要用汽缸還是馬達當動力源？要選哪間廠商的哪種規格？要用機械夾頭還是真空吸引的方式夾取？還有個別零件的材質、尺寸、公差、表面粗糙度、表面處理等，設計就是要決定以上項目，所以想當然不可能 10 人都做一樣的選擇。

　　因此，成品是否滿分只有神才知道。正因為如此，機械設計才會如此有趣。機械設計不是只能有一個答案的世界，而是一個可以充分發揮「個性」的世界。

機械設計是否需要創造力

　　進行機械設計時，除了工學知識外，還需要創造力。創造力是指「創造出新的東西」，所以普遍認為創造力是指不侷限於既存的事物，自由地發想出誰都想不到的奇特創意。但是實際上，創造力是現有的知識及資訊的「排列組合」。

　　所謂「排列組合」，就是將現有的事物加減乘除如此簡單的概念，所以不需要擔心缺乏創造力。為了產生新的創意，首先必須「知道」做為創意根基的既存知識及資訊。沒有知識則無法生出創意。

　　透過看書學習、參加展覽會、仔細觀察前輩開發的機械來累積知識，這些都是提升創造力最好的方式。請各位充分地發揮自己的好奇心。

關於單位

書中的單位使用國際單位制（SI），作用力的大小以牛頓（N）來表示，不過為了讓讀者能夠容易理解，也會併用重力公制單位公斤力（kgf）。

N與kgf的關係如下：

1 kgf = 9.80665 N（一般會四捨五入為 1 kgf ≒ 9.8 N）

1 N = 0.10197 kgf

即使直接記成 1 kgf ≒ 10 N 或是 1 N ≒ 0.1 kgf，因為誤差在2%以下還是能掌握大致狀況，所以沒有問題。

此外，壓力也用國際單位制（SI）的帕斯卡（Pa）來表示，$1\ N/m^2 = 1\ Pa$。

帕斯卡（Pa）與重力公制單位的關係如下：

$1\ kgf/m^2 = 9.8\ Pa$，也就是說 $1\ kgf/mm^2 = 9.8\ MPa$

同樣地，在掌握大方向下將其簡化成 $1\ kgf/m^2 = 10\ Pa$、$1\ kgf/mm^2 = 10\ MPa$ 來記誦，會簡便許多。

前言

必要的設計知識及挑選知識3／本書的特色3／獻給閱讀本書的各位讀者4／本書的構成及閱讀方式4／機械設計的樂趣5／機械設計是否需要創造力5／關於單位6

連接零件

機械零件

第 **4** 章

供給零件的機械要素

驅動器

通用馬達

控制位置的馬達

汽缸

電磁閥

空壓機的相關零件

真空機

材料的性質

材料的機械性質

材料的物理性質及化學性質

材料的主要特徵

改變性質的熱處理及表面處理

機械加工的關鍵

降低成本的設計訣竅

感測器及順序控制

第10章 機械的品質及標準化

機械的品質

標準化的目的

標準化的範例介紹

今後的精進方法

第 1 章

機械設計的目的

製造機械是為了什麼

做為產品的機械及為了製造產品的機械

雖然機械沒有正式的定義，但是一般來說會解釋為「透過使用動力重複一定的運動，使目標工件變化的道具」。生活周邊可以看到許多機械，汽車是機械、印表機及洗衣機也是機械。此外，還有砂石車等工程建設機械、曳引機這種農業機械。

這些機械也是使用機械製造出來的。機械的零件是透過切削金屬材料、開孔、用模具沖壓來製作。加工上會使用車床、銑床、沖壓機等工具機。工具機的意思是「製作機械的機械」，又稱為母機（Mother Machine）。其他還有像組裝機、檢查機、捆包機等機械。

如上所述，機械分成泛指產品本身，以及為了製造產品的機械。後者又稱為生產設備，本書主要是解說生產設備這部分。

製造機械的目的

開發製造產品的機械，簡單來說目的就是「為了有效率地製造必要數量的產品」。

可以分成以下幾點來說明目的：

（1）為了大量製造產品

手工作業趕不上交期，或解決人手不足的問題時。

（2）克服人的技術問題

提升作業員技術需要花費龐大的時間，或技能的傳授較困難時。

（3）維持品質

手工作業品質參差不齊，或精度太高無法用手工製造時。

（4）降低成品或縮短生產時間

低成本製作同時還能對應縮短生產時間。

何謂理想的機械

做為產品的機械及為了製造產品的機械,理想的樣貌是一樣的。一起來思考理想機械的條件:

(1)製造面的條件:能便宜且速迅地製造

① 零件數量少。

② 可使用泛用工具機加工。

③ 容易組裝。

④ 能在短時間內輕鬆調整。

(2)使用面的條件:方便好用

① 用適當的速度正確地運作。

② 好地運作不中斷。

③ 品質落差小,沒有瑕疵品。

④ 容易操作。

⑤ 適當的大小。

⑥ 安全。

⑦ 不會產生噪音、震動、惡臭等令人不悅的現象。

⑧ 富含情感的設計。

⑨ 節能。

⑩ 能長久使用不故障。

⑪ 就算故障也能馬上修理好。

⑫ 需要檢驗的部分很少,操作也很簡單。

機械的構成

從機能看機械

　　從以下幾個角度來看機械的構成。首先，注意機械輸出及輸入的機能。當輸入電力或壓縮的空氣等能源和原料或資訊時，用馬達或汽缸當做動力源產出的運動再透過機械機構轉換或傳動，以不同於輸入的形式輸出。

　　例如：汽車輸入汽油，經內燃機產生往復直線運動，再轉換成旋轉運動傳動至輪胎，藉此輸出讓汽車行駛。

　　也就是說，從機能看機械構成，其組成如下：

① **動力部**：產生動力的動力源。

② **傳動部**：動力的轉換及傳動。

③ **控制部**：自動發出正確動作的指令。

④ **維持部**：讓各部分維持在正確的位置。

　　另一方面，治具或測量儀器沒有動力部，不符合上述的機械結構，所以稱為器具而不是機械。

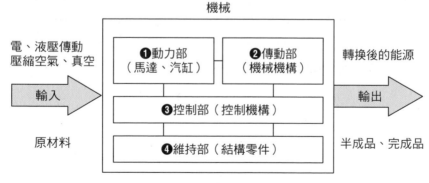

圖 1.1　從機能看機械

從組裝看機械

　　接著，從組裝零件的角度來看機械的構成。零件可區分成2大類。第1類是機械本身固有的零件，因為是專門的零件，所以需要將市售的鋼鐵材料、鋁材依據圖面加工。

　　第2類叫做機械零件，是現今大部分機械通用的零件，一般市面上皆有販售。單一零件有螺桿、彈簧、軸承、O形環等，附有機能的則有馬達、汽缸、感測器。機械就是透過上述固有零件及機械零件的組合而製造出來。

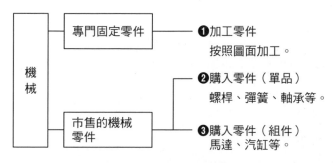

圖1.2　從組合看機械

使用市售機械零件的好處

　　日本的市面上有在販售的產品稱為市售品或流通品，符合JIS規格（日本工業標準）的產品也為數眾多。使用市售品的好處有「品質好」、「便宜」、「交期短」、「因為是標準規格很容易就可以交換」。比起自己設計的優點更多，積極使用具有實際效益。

從機械機構及控制機構來看機械

第3個則從機構的角度來看機械。汽缸的往復直線運動或是馬達的旋轉運動，透過連桿機構、凸輪機構改變成必要的運動形式，這種機制就是機械機構。改變旋轉運動的速度、力矩或是轉換運動方向時，會使用齒輪、傳動帶、鏈條、滾珠螺桿。自行車的齒輪變速裝置也是改變速度、力矩的一種機械機構。

能夠自動且正確地控制這種機械運動的就是控制機構。而將動作的順序和條件程式化，使其自動控制的則稱為順序控制。另外，不只是發出指令，實際確認是否按照指示動作，有錯誤時給予修正的控制則是回饋控制。全自動洗衣機只要按下啟動按鈕，之後便會自動偵測衣物量、放入適當的水量，並選出最適合的條件洗衣、脫水、烘乾。這都歸功於控制機構。

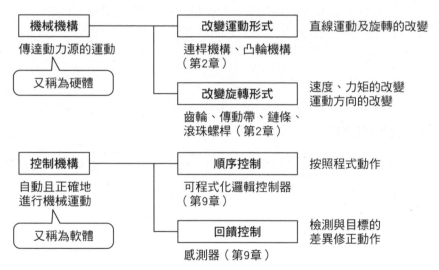

圖1.3 從機械機構及控制機構來看機械

自動化程度

4種自動化程度

將自動化程度分成「手工作業」、「治具化」、「半自動化」、「完全自動化」4種來說明。

（1）手工作業

僅有目標工件和工具，全靠雙手作業。依據作業員熟練度的高低會讓品質、作業時間產生很大的差距。

（2）治具化

大部分的作業需要定位、固定目標工件才能進行。因此，可以輕鬆完成定位及固定的器具就稱為治具。期望透過使用治具能降低品質的差距、縮短作業時間等，以提升效率。

（3）半自動化

1台機器配置1名作業員操作，這種「手工作業＋自動化」的形式就稱為「半自動化」。目標工件的放入和取出為手工作業，產生附加價值的作業由機器自動完成。

手工作業乍看之下不合理，但在放入和取出工件時可以用肉眼檢查，所以藉由每次的進料檢驗及出貨檢驗，大幅度地提升品質。

半自動機械的構造簡單，所以能在短期內開發出來，除了價格便宜外，製程時間也很短，還能因應產品多樣化。

（4）完全自動化

只需要設置好目標工件，按下啟動鈕後就會自動連續運轉，自動完成放入和取出，這就是完全自動化。因此，作業員1人負責複數機台的「1人多機」，或是作業員1人同時兼顧其他作業的「1人多工」化為可能。

思考削鉛筆的自動化程度

使用削鉛筆這個例子來看自動化程度。用美工刀削鉛筆,這是「手工作業」。鉛筆和刀片的位置不固定,所以每次的成品會有所差距。另外,依據熟練程度,削鉛筆所需要的時間也有很大的差距。

相對地,若使用手搖式削鉛筆機,因為鉛筆和刀片的位置都固定,所以每次的成品都相同,不管是誰都能在相同的時間內削好。這就是「治具化」。

接著是刀片會自動旋轉的電動削鉛筆機,只需要將筆插入就會自動削尖。手動(放入和取出)+自動(切削加工),所以是半自動。最後,「完全自動化」是指鉛筆公司製造工廠的機械。只要投入材料,就會自動削尖並自動取出。

自動化並非總是最好的選擇

了解了4種自動化程度,並不意味著進行自動化就是好的事情。自動化程度愈高,所需要的開發時間就愈長,投資成本也愈高,所以生產數量若太少,投入的資金就無法回收。此外,目標工件需要變更設計時,必須耗費較多的時間及成本改造。

另一方面,治具化和半自動化所需的投資成本比較小,善於因應多種產品的少量生產及產品設計的頻繁變更。即使是普遍認為生產效率最好的汽車製造,完全自動化的工程也只有熔接及塗裝,其餘的工程都是靠治具或半自動機械。導入機械始終只是為了提升生產效率的「手段」,所以需要判斷適合哪種自動化程度。

機械開始量產前的流程

從3個步驟看流程

　　這裡會說明從設計全新的機械產品到開始量產前整體的流程。大致上區分成以下3個步驟來進行。

- •步驟1：「思考」製造怎樣的機械。
- •步驟2：按照構思「製造」。
- •步驟3：把完成的機械「導入」生產現場。

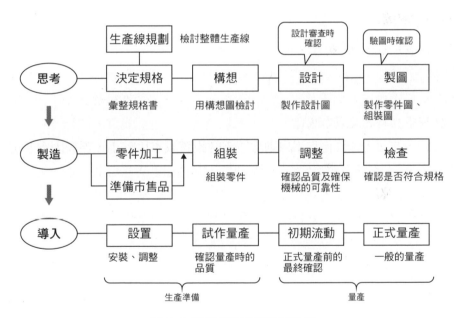

圖1.4 從計畫到量產的流程

步驟 1：「思考」製造怎樣的機械

首先，思考產品需要分成哪些工程來製作。例如汽車的製程，用圖1.5就能一眼掌握整體的流程。

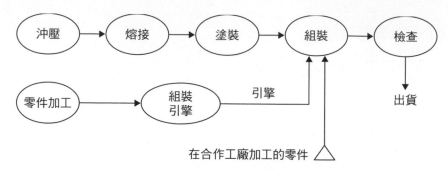

圖1.5 汽車的生產工程

接著，用生產能力及成本估算來檢討自動化程度、人員配置、布局。特別是自動化程度，因為它深深地影響投資成本，所以是關鍵所在。雖然自動化程度愈高折舊就愈高，但減少人員配置就能降低勞動成本，所以可以藉此算出目標投資額度限制。這些作業稱為生產線規劃（圖1.6）。

完成生產線規劃後，接著思考各個工程的規格。這個階段稱為決定規格，根據決定的自動化程度來詳細制定各個機械的規格。

構想是指根據制定的規格來思考機構、構造、動力源。這個階段即可以完成機械的示意圖。確認構想後，就能開始製作設計圖。設計圖的定位為草稿，以此為根基來製作零件圖、組裝圖，以及零件清單。

這個設計流程會在下列項目詳細地介紹。

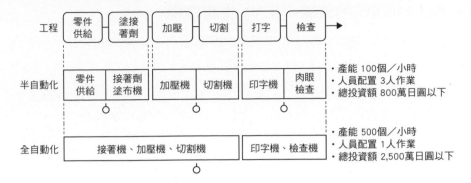

圖1.6 生產線規劃的範例

步驟2：按照構思「製造」

步驟2是根據圖面製造成形。加工零件的同時準備市售品。

備齊全部的零件後，開始組裝。機械不是從下方開始按照順序組裝，而是依照組件、區塊各個功能來組裝。這部分稱為「零件組裝」。

完成零件組裝後，依序固定框架、進行配線、配管工程。這個程序稱為「總組裝」。

完成總組裝後，彙整動作順序的程式並輸入控制部分，確認是否如預計目的運作。若發生問題，就修正程式。這個修正作業稱為軟體除錯，同時進行機械機構的調整。

完成調整後，檢查是否如當初制定的規格完成。檢查項目為第10章解說的「製作良品的能力」及「穩定運作的能力」。

步驟3：把完成的機械「導入」生產現場

完成的機械開始量產前需要經過「設置」→「試作量產」→「初期流動」→「正式量產」這四個步驟。

將機械搬送至生產現場，安裝於指定的位置上。將機械接上電源、壓縮的空氣試著運作看看，確認正常運作。這些作業稱為設置。

設置的下一步是試作量產，簡稱為試產。這是在量產之前先以同樣的生產條件測試運作，藉由全數檢查確認產品品質，從其結果判斷是否可進入量產階段。這個判斷基準沒有一致的規定，是按照機械、產品來設定。試作量產階段所確認的產品不會拿來販售。

試作量產確認合格後，進入量產階段。最一開始稱為初期流動，仔細確認製造品質及機械的運作狀況。雖然在試作量產階段也有進行評估，但在量產階段需要處理的數量一口氣增加很多，因此會發現之前沒看見的問題。對應方式是在穩定產品品質、機械運作前先使用人力來建立管理體制，這稱為初期流動管理。初期流動結束後，就能進入正式量產。

機械設計的流程

機械設計的步驟

這裡來詳細說明機械設計步驟1從決定規格到設計為止的流程。

（1）決定規格

這是思考要製造怎樣的機械的開始階段。是要製造至今沒有的、全新的機械？還是改良既存的機械？決定好方向後，以具體的數值決定生產能力、大小、作業性、投資成本等。

彙整這些內容的文件就成為規格書。這裡必須同時決定好開發期間、開發成員、開發預算。

（2）構想

基於制定的規格書，進入思考成形的階段。前面決定的規格是以二次元平面來思考，但構想則是以三次元立體來思考。用什麼當做動力源？使用什麼機械機構？一邊描繪構想圖同時一邊彙整。

在這個階段，每個零件的形狀還只是粗略的設計，尺寸及機械整體的全長、深度、高度等皆是以整體來考量。

（3）設計（製作設計圖）

這是將構想的內容具體化的作業。動員全部的機械設計知識及經驗，一邊考量每個零件的形狀、材質、尺寸、公差、表面粗糙度，以及加工法和組裝調整的難易度、維護方式，一邊繪圖。

這個圖面稱為設計圖，經過無數次的修正來提高其完成度。對設計者來說是最能感受到成就感的工作。

機械的品質及成本說是靠這張設計圖來決定也不為過。這是因為設計完成後，不管製造部門及採購部門如何減少成本，都很難有大幅度的變更。

（4）製圖（製作零件圖及組裝圖）

按照完成的設計圖來製作零件圖及組裝圖。此外，彙整加工零件及市售品規格，將其製作成零件清單也是製圖作業之一。製圖階段要求正確性及速度。

上述（3）的設計及（4）的製圖是完全不同的作業。設計是創造新東西的「思考作業」，製圖是將思考的內容描繪在圖紙上的「繪圖階段」。因此，後者繪製零件圖、組裝圖的繪圖階段，形狀的變更不僅會浪費大量的時間，變更途中還會出現許多製圖錯誤。正因為如此，提高做為根基的設計圖的完成度就非常重要。

提升構想及設計品質的設計審查DR

提升上述構想及設計圖完成度的機制就稱為設計審查（圖1.4）。一般會用英文名稱design review的縮寫DR來表示。設計審查時，設計負責人為發表人，審查人為製造部門的加工、組裝、調整、檢查、安全衛生，或業務部門等關係人。

審查人站在自身專業的角度，從製造的容易程度、品質保證、安全面、顧客角度來給予建議。在構想及設計圖完成時實施DR效果最好。另一方面，零件圖、組裝圖製作完成後再實施DR，若有變更會造成更多的浪費，所以效果不好。

提升製圖品質的驗圖

驗圖是指檢查零件圖及組裝圖，檢查由製圖者本人及第三方來進行（圖1.4）。製圖者本人檢核的作業程序稱為自我驗圖，依據JIS製圖規定確認尺寸、公差是否有錯誤。第三方則是指由前輩或主管這些具有高度設計技術的成員來進行。

初級設計者的圖面在第三方驗圖中會被指出許多問題點，而這些問題點是提升設計技術的大好機會。隨著經驗的累積，在驗圖時被指出的問題會愈來愈少，並成長為能夠檢驗後輩製圖的工程師。

關於申請專利

在推動構想及設計途中，機械構想或工法上有全新的發明時，為了能獲得獨占使用的權利，需要申請專利。專利的有效期限為申請完成的20年內。特別是對象為產品時，申請專利是非常有效的手段。申請專利的策略是盡可能擴大解釋其範圍，這樣可以防止其他公司加入。此外，若為有效專利，可以透過許可他人使用專利來獲取專利使用費。

另一方面，專利的對象為生產設備時，除了對外販售以外都是在公司內部使用，所以也不會洩漏給第三方。為機械機構申請專利時，因為需要使用圖表詳細敘述，機密內容就會廣泛公開給第三者。在這種環境下，若機械是提供公司內部所使用，有些企業就會放棄申請專利，改以設立公司內部專利原創制度，發放獎金給予發明者，這也是專利策略的一種。

花費多少費用最值得？

　　話說回來，花費多少費用在機械上最值得呢？例如，為了降低成本，引進完全自動的機械來處理原本由1人手工作業的工程。若聽到這台機械需要花費1億日圓，第一反應是會覺得很貴吧。這裡用數值來判斷的方式就是投資經濟計算。

　　雖然這項計算式有點複雜，大致簡單地向各位說明。假設作業員1人1年的勞動成本為400萬日圓，若以3年份來換算合計就要1,200萬日圓。

　　另一方面，雖說是完全自動的機械，但還是需要放入材料及搬送自動取出的產品的程序，所以這項作業需要5分之1的人工作業。也就是說需要0.2人，以3年份的勞動成本換算，「400萬日圓×0.2×3年」，為240萬日圓。換句話說，「1,200萬日圓－240萬日圓」的差額960萬日圓，若投資成本為960萬日圓，就能在3年內回收。

　　這個3年為回收投資成本的時間，稱為折舊期間。雖說折舊期間依據機械的種類有所不同，不過日本稅法上一般來說是10年。但是，隨著全球化變化快速，產品壽命也漸漸變短，因此投資經濟計算上需要各自設定符合自家公司的折舊期間，如3年或5年。

　　此外，引進機械若能比人工作業降低更多的不良率，這項預期降低成本的效果也能加算在投資成本當中。

第 2 章

可傳動的機械機構

連桿機構

直線運動及旋轉為運動的基礎

　　「往復直線運動（直動）」及「旋轉運動」為運動的基礎（圖2.1）。有個別單獨的運動，也有像螺旋運動這樣結合直線運動及旋轉的運動方式。接著，要介紹傳達這些運動、改變運動形式的「連桿機構」及「凸輪機構」。

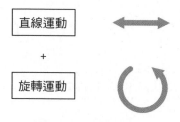

圖2.1 運動的基礎

何謂連桿機構

　　挖土機這種建設機械可以做很複雜的動作。油壓汽缸的往復直線運動改變成手臂的旋轉運動；或是改變運動的形式，如鏟斗裝砂的旋轉運動。傳達這些動力的零件稱為連桿，將連桿結合起來就稱為連桿機構。

　　連桿的連結處為可旋轉的構造，連結3根連桿時會固定住無法運動，但有4根以上的連桿時就可運動。

　　連桿為4根時只有1種運動形式，適合用於需要反覆同樣的動作。若有5根以上的連桿，雖然有多種運動形式，但是控制會變得很複雜（圖2.2）。

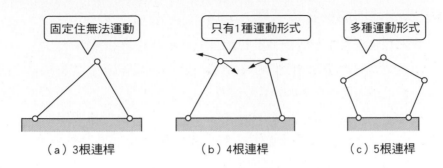

固定住無法運動	只有1種運動形式	多種運動形式	
（a）3根連桿	（b）4根連桿	（c）5根連桿	

圖2.2 連桿數的差異

連桿機構主要分成5種（圖2.3）。各機構的名稱，做搖擺運動者稱為「搖桿」，做旋轉運動者稱為「曲柄」。

做搖擺運動的「搖桿」不是旋轉360°一圈，而是在特定的角度內往復圓形運動。那麼按照順序來說明。

種類	機構	運動形式
❶ 曲柄搖桿機構		搖擺 ⬌ 旋轉
❷ 雙搖桿機構		搖擺 ⬌ 搖擺
❸ 雙曲柄機構		旋轉 ⬌ 旋轉
❹ 滑塊曲柄機構		直線運動 ⬌ 旋轉
❺ 縮放機構		改變直線運動的方向

圖2.3 連桿機構的種類

搖擺及旋轉的曲柄搖桿機構

曲柄搖桿機構是用「搖桿」搖擺及「曲柄」旋轉的機構（圖2.4）。搖擺單側另一側則旋轉，相反地，旋轉單側另一側則搖擺。這個機構的機制為「固定最短連桿相鄰的連桿」。

自行車是搖擺單側另一側則旋轉的例子，腳踩踏板的搖擺旋轉踏板（圖2.5）。相反地，旋轉單側另一側則搖擺的例子，就是電風扇的搖擺機構。將馬達的旋轉改變成電風扇頭的搖擺。

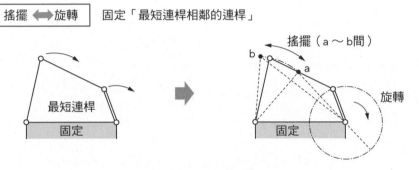

圖2.4 曲柄搖桿機構

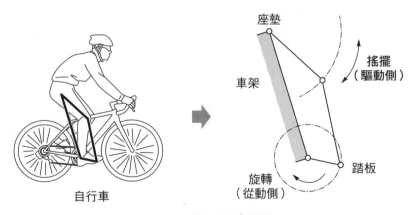

圖2.5 曲柄搖桿機構

雙搖桿機構及雙曲柄機構

　　雙搖桿機構的兩側都是「搖桿」做搖擺運動，「固定最短連桿對面的連桿」（圖2.6）。最短連桿及其對面的連桿等長時，雙搖桿會平行擺動，公車的雨刷就是運用這個機構。安裝在最短連桿上的雨刷橡膠的特徵是不會傾斜，會維持垂直來回運動。

　　雙曲柄機構為兩側都是「曲柄」，也就是做旋轉運動，且「固定最短連桿」（圖2.7）。

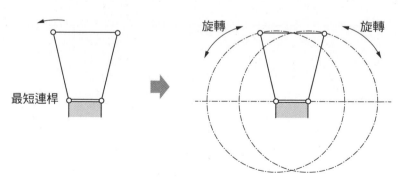

搖擺 ⟺ 旋轉　固定「最短連桿對面的連桿」

最短連桿

搖擺（a～b間）　搖擺（c～d間）

圖2.6 雙搖桿機構

搖擺 ⟺ 旋轉　固定「最短連桿」

最短連桿

旋轉　　　旋轉

圖2.7 雙曲柄機構

滑塊曲柄機構及縮放機構

　　滑塊曲柄機構使用2根連桿，固定單側的連桿，另一側設置導軌，使其能進行往復直線運動。藉此能相互轉換往復直線運動及旋轉運動（圖2.8）。例如：內燃機的引擎將往復直線運動轉換成旋轉運動；相反地，將旋轉運動轉換成往復直線運動，則有沖床加工使用的曲柄式沖床機以及偏心式沖床。

　　縮放機構改變往復直線運動的方向。列車的集電弓、換輪胎時將車子抬起的千斤頂都是活用這個機構。

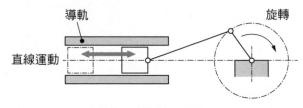

圖2.8 滑塊曲柄機構

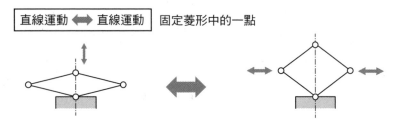

圖2.9 縮放機構

凸輪機構

何謂凸輪機構

　　輪廓為任意形狀的機構零件稱為凸輪。藉由旋轉凸輪，使與凸輪接觸的零件（凸輪從動件等）做往復直線運動或搖擺運動（圖2.10）。運動的週期時間由馬達的轉速決定，變位量及加速度則取決於凸輪的輪廓形狀。

　　因此，凸輪的設計皆為訂製品。

（a）平板凸輪的直線運動

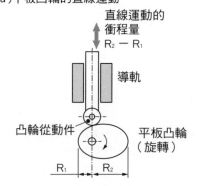

（b）平板凸輪的搖擺運動

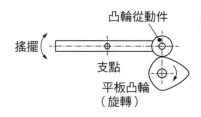

（c）直動凸輪的直線運動

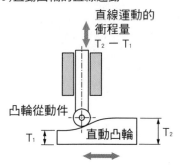

（d）圓柱形凸輪的直線運動

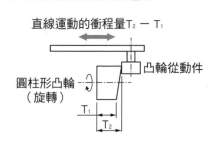

圖2.10 凸輪的種類及運動方式

上一個世代的主角是凸輪機構

現在被廣泛使用的機械，特徵為可使用程式自由設定其可動部軌跡、停止位置、速度及加速度。

但是，在上一個世代以前，沒有如此高性能的馬達及能夠精密控制的電腦，因此當時是以凸輪式機械為主流。1根主軸裡裝入數個必要的凸輪，用力矩馬達使主軸旋轉，藉此產生必要的運動。

凸輪的輪廓形狀決定運動方式，想要改變運動方式時就必須更換該凸輪，並非簡單就能更改。但凸輪是透過機械面來定位，所以可動部動作的位置精度比現在的機械好，因此時至今日凸輪仍被廣泛使用。

凸輪的種類

依照形狀的不同可判別凸輪是平面還是立體（圖2.10）。平面凸輪為有一定厚度的平板，外形是不規則的曲線，有透過旋轉做往復直線運動、搖擺運動的平板凸輪，以及透過左右移動來做往復直線運動的直動凸輪。

立體凸輪的厚度方向為不規則的曲線，有與端面接觸的端面凸輪、沿著溝槽作動的圓筒凸輪。

凸輪線圖及凸輪曲線

凸輪線圖是表示與凸輪接觸的從動件動向的圖表，圖表上的橫軸為凸輪的旋轉角度，縱軸表示變位量。

不過，若把它直接做成凸輪曲線，不但變位量會急遽變化，同時從動件也會無法隨凸輪而動，有可能會發生脫離凸輪面的風險。因此，為了使凸輪能順暢地變化動向，會使用變形正弦曲線或變形梯形曲線，讓凸輪曲線圓滑一點。

間歇運動機構的凸輪分割器

　　驅動側以定速連續旋轉，而從動側以「一定角度旋轉」後，「停止一定時間」，重複循環這些運動的機構就稱為間歇運動機構。例如圖2.11的機構中，驅動側旋轉120°的期間從動側旋轉45°，驅動側旋轉剩餘240°的期間從動側則停止不動。這種機構做為凸輪分割器在市面上販售，從動側的旋轉角度不只有45°，還可以選擇30°、60°等等。

（a）銷嵌入溝槽，開始旋轉

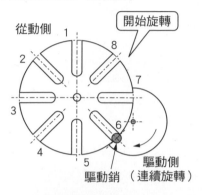

（b）從動側也在旋轉中

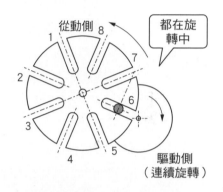

（c）銷脫離溝槽，停止旋轉
　　（從動側45°旋轉）

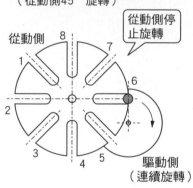

（d）脫離溝槽期間，停止中

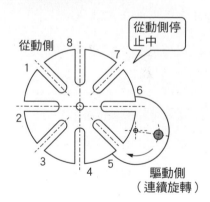

圖2.11 凸輪分割器的運動

齒輪

旋轉運動的傳動

旋轉的驅動主要是使用馬達。傳達旋轉的機構機械不只是直接傳達馬達的旋轉，還會改變速度、力矩以及旋轉方向，這是其最大的特徵。

2軸的軸間距很小時，適合使用能傳達高速、高載重的「齒輪」。2軸的間隔較遠時，會使用「傳動帶」、「鏈條」來傳達動力。傳動帶主要材料為橡膠，所以產生的噪音很小，不需要潤滑也能輕鬆維護。另一方面，鏈條使用鋼材，適用於處理高載重。

若要將旋轉運動轉換為往復直線運動的傳動時，會使用「滾珠螺桿」、「齒條」。那麼就從齒輪開始依序說明。

挖土機這種建設機械可以做很複雜的動作。油壓氣壓缸的往復直線運動改成手臂的旋轉運動，或是改變運動的形式，如鏟斗裝砂的旋轉運動。傳達這些力的零件稱為連桿，將連桿結合起來的就稱為連桿機構。

連桿的連結處為可旋轉的構造，連結3根連桿時會固定無法運動，但有4根以上的連桿時就可運動。連桿為4根時只有一種運動形式，適合用於需要反覆同樣的動作。若有5根以上的連桿，雖然有多種運動形式，但是控制會變得很複雜（圖2.2）。

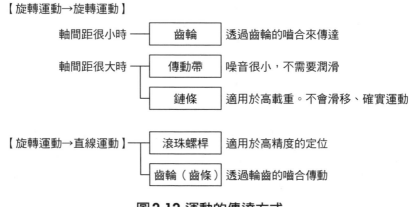

圖2.12 運動的傳達方式

齒輪的種類

　　齒輪有許多種類，這裡向各位介紹幾種比較具有代表性的類型（圖2.13）。依照傳達的方向可分為「2軸平行（平行軸）」、「2軸相交（相交軸）」、「2軸既不平行也不相交（交錯軸）」。

　　2軸平行時，使用「平齒輪」或棒狀的「齒條」。平齒輪間的組合是將旋轉運動傳達至旋轉運動，而平齒輪及齒條的組合則是進行旋轉運動及往復直線運動的轉換。

　　2軸相交時，使用圓錐形狀的「傘型齒輪」。2軸既不平行也不相交時，使用組合蝸桿及蝸輪的「渦輪齒輪」。小型且旋轉速度較大為其特徵，用於減速裝置中。驅動限定為蝸桿，無法改成用蝸輪當驅動側。

　　小齒輪將動力傳達到大齒輪時，轉速會變慢，但力矩會變大。

傳達方向	齒輪的種類	特徵	外觀
2軸平行	平齒輪	透過改變直徑來變更速度及力矩。是最常見的齒輪。	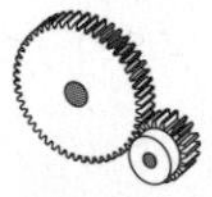
	齒條	轉換旋轉運動 直線運動。 與平齒輪成套使用。	 平齒輪 齒條
2軸相交	傘型齒輪	圓錐形狀。 變換旋轉軸的方向。	
2軸既不平行也不相交	渦輪齒輪	從蝸桿傳達至蝸輪。 轉速比較大，因此適用於減速裝置。	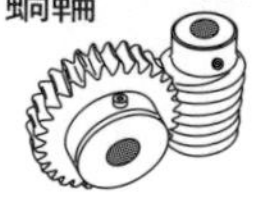 蝸輪 蝸桿

圖2.13 齒輪的種類

齒輪的大小及軸間距

　　齒輪的大小，用摩擦輪當例子來思考會比較容易理解。摩擦輪是讓2個圓形的輪子接觸，用接點的摩擦來傳達動力。但是，這樣就會產生滑移，所以無法正確地旋轉傳動。因此，將摩擦輪的外緣安裝上凹凸不平的鋸齒，即成為齒輪。

　　將摩擦輪的外徑當做基準圓，2個齒輪也接觸這個基準圓。這個基準圓的直徑就是市售齒輪目錄中所標示的「基準圓直徑」，又稱節圓直徑。也就是說，2軸間距為「驅動側齒輪的基準圓半徑」＋「從動側齒輪的基準圓半徑」（圖2.14）。

　　此外，「齒間圓直徑」為齒輪的外徑，「齒根圓直徑」為齒輪凹部的直徑。不過，「基準圓直徑」不可能印在齒輪實物上，所以即使看了也無法得知。

　　將基準圓直徑無限放大後，基準圓會近似一條直線。像這樣變成直線狀的齒輪就是齒條。

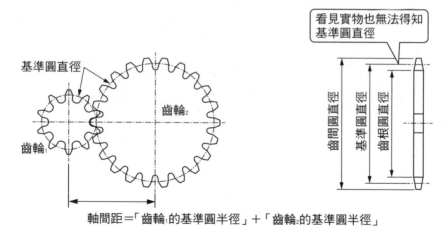

軸間距＝「齒輪₁的基準圓半徑」＋「齒輪₂的基準圓半徑」

圖2.14 齒輪的大小及軸間距

表示齒輪大小的模數

齒輪的輪齒為了順暢地旋轉，會成漸開線曲線。也就是將這個曲線像把線纏繞在圓板上，直直地拉開時，線的前端所描繪的軌跡。

此外，要變更速度或力矩時，可變更組合齒輪的直徑。不過就算直徑不同，若輪齒本身大小不相同就無法順利嚙合。「模數」表示齒形大小，單位為毫米（mm）（圖2.15）。模數的數值愈大，代表齒形愈大。

模數＝基準圓直徑上的間隔（周節）／π

　　　＝基準圓直徑／齒數

模數主要為0.5／0.8／1.0／1.5／2.0／2.5／3.0mm。例如：模數2.0基準圓直徑上的間隔（周節）為2.0×π≒6.3mm。

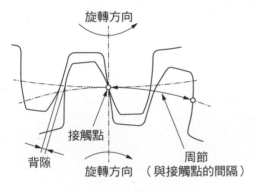

（a）齒形的嚙合與背隙

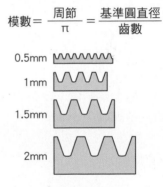

（b）模數的原尺寸圖

圖2.15 模數

齒輪的傳動速度比

　　齒輪嚙合時，驅動側的旋轉速度1與從動側的旋轉速度2的比值稱為傳動速度比。如圖2.16所示，也稱齒數比或是基準圓直徑比。

$$傳動速度比 = \frac{旋轉速度_1}{旋轉速度_2} = \frac{齒數_2}{齒數_1} = \frac{基準圓直徑_2}{基準圓直徑_1}$$

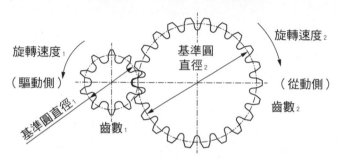

圖2.16 齒輪的傳動速度比

　　例如：驅動側的齒數為10、從動側的齒數為20時，就能得知從動側的旋轉速度（轉速）為1／2，力矩則為2倍。

何謂背隙

　　要讓齒輪彼此能夠順利嚙合就需要間隙，這個間隙就稱為背隙（圖2.15（a））。齒輪朝固定方向旋轉時沒有問題，當要反方向旋轉時，第1個相嚙合的齒輪因為背隙部分空轉，所以旋轉精度變差。

　　特別是軸間距離的偏差會對背隙帶來很大的影響，因此設計時必須多加注意。

齒輪挑選順序的範例

挑選齒輪之前需要決定的條件有「軸間距離」、「傳動速度比」、「模數」。試求以下範例中驅動側齒輪1及從動側齒輪2的規格。

（範例）試求軸間距離60mm、傳動速度比3、模數1.5mm時，2個齒輪的規格。

傳動速度比為3，所以齒數2＝3×齒數1

軸間距離為60mm，所以（基準圓直徑1＋基準圓直徑2）／2＝60

標準圓直徑＝模數×齒數，所以

（模數×（齒數1＋齒數2））／2＝60

（1.5×（齒數1＋3×齒數1））／2＝60

得出齒數1＝20、齒數2＝60

齒數1的標準圓直徑為1.5×20＝30

齒數2的標準圓直徑為1.5×60＝90

（解答）驅動側齒輪的基準圓直徑為30mm、齒數為20

從動側齒輪的基準圓直徑為90mm、齒數為60

表示齒型大小的模數該如何設定是這裡的關鍵。雖然模數的數值是從齒輪強度計算求得，如果能使用齒輪廠商網站首頁的自動計算系統運算會方便許多。

但是，實務上並不會每次都重新計算。大多數省略強度計算，按照以往的經驗來決定。為了讓大家比較容易理解，圖2.15的（b）放了主流模數的原尺寸圖供參考。

傳動帶

傳動帶傳達的特徵

　　使用傳動帶傳達時，具有以下特徵：

① 由「傳動帶」及承載傳動帶的「皮帶輪」組成。

② 2軸的軸間距離長時最為有效。

③ 與齒輪相比，即使軸間距離的精度較低，還是能順暢地傳動。

④ 橡膠製，所以很少發出噪音。

⑤ 不需要潤滑劑，容易維護。

⑥ 施加預期外的龐大外力時，透過滑移來防止損壞。

⑦ 橡膠製，所以耐久性比鏈條差。

傳動帶的種類

　　主要種類有透過凹凸嚙合傳達的「時規皮帶」，以及藉由摩擦傳達的「V型皮帶」、「平皮帶」（圖2.17）。

　　時規皮帶又稱為齒型皮帶，透過傳動帶與滑輪齒的嚙合來傳達力，所以不會滑移，傳達效率高。因此廣泛用於影印機等一般行政事務機械中。

　　V型皮帶利用與滑輪間的摩擦力，斷面為V字形狀，所以能發揮出比四角形的平皮帶更強的摩擦力，滑移也更少。另一方面，施加一定程度以上的龐大外力時，傳動帶和滑輪可以透過滑移來防止損壞。若有機會看看汽車的引擎室，就會發現裡面使用了時規皮帶及V型皮帶。

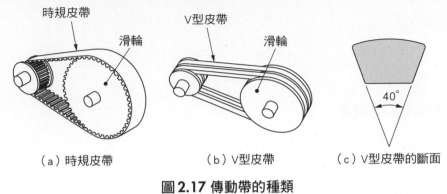

（a）時規皮帶　　　　　　（b）V型皮帶　　　　（c）V型皮帶的斷面

圖2.17 傳動帶的種類

傳動帶的張力調整

　　傳動帶需要適度的張力（又稱為牽引力）。張力太小時，會產生滑移及振動；相反地若張力太大時，滑輪的軸承磨耗大。

　　這個張力調整是調整滑輪的軸間距離，或是在下垂側加裝張緊輪（又稱張力器）。

$$轉速比＝\frac{旋轉速度_1}{旋轉速度_2}＝\frac{滑輪直徑_2}{滑輪直徑_1}$$

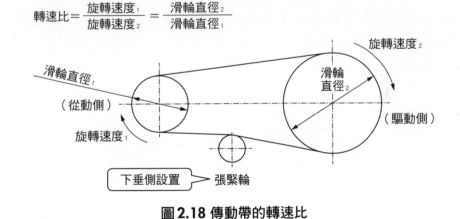

圖2.18 傳動帶的轉速比

鏈條

鏈條傳動的特徵

　　使用鏈條的傳動時，具有以下特徵：

① 由「滾柱鏈條」及承載鏈條的「鏈輪」組成。

② 不會滑移的構造，所以傳達效率高。

③ 2軸的軸間距離長時最為有效。

④ 不需要強大的張力，鏈輪軸承的磨耗少。

⑤ 金屬製，所以耐久性好。

⑥ 鏈條長期使用會愈來愈長，需要調整張力。

⑦ 不適用於需要高精度旋轉的傳動。

滾柱鏈條的構造

　　最為大家熟知的就是腳踏車的鏈條。滾柱鏈條是由滾柱、襯套、鏈銷、內鏈板、外鏈板這5個零件所組成（圖2.19）。藉由自由旋轉的滾柱及鏈輪齒的嚙合來傳達動力。

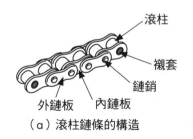

滾柱
襯套
鏈銷
外鏈板　內鏈板

（a）滾柱鏈條的構造　　　　（b）鏈輪

圖2.19 鏈條的構造

滾柱鏈條的張力調整

一般來說滾柱鏈條的上方是傳遞動力的張力側，下方是下垂側。這是因為下垂側若在上，鏈條會很難與鏈輪分離。還有，當鏈條很長、鏈輪直徑很小時，上方鬆弛的滾柱鏈條會有和下方伸張的鏈條接觸的風險。

此外，加裝張緊輪（又稱張力器）時，與使用傳動帶時相同，需設置於下垂側。

自行車的變速機構

有變速機構的自行車，即使是上坡也能輕鬆地踩踏板。圖2.20為15段變速規格前輪3個×後輪5個鏈輪的範例。

前輪的鏈輪直徑最大、後輪的鏈輪直徑最小，是踩起來最費力的組合。雖然比較累，但踩踏板1圈能前進很長的距離、速度更快。相反的組合則踩起來最輕，雖然踩得很輕鬆，但前進的距離很短、速度也較慢。

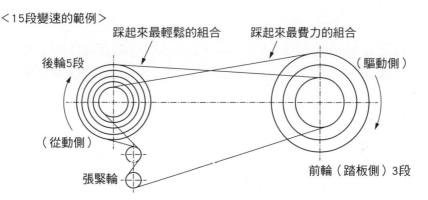

圖2.20 自行車的變速機構及張緊輪

滾珠螺桿

滾珠螺桿的構造及特徵

利用螺紋功能的「滾珠螺桿」將馬達的旋轉變換為往復直線運動，適用於高精度定位。由外螺紋形狀的「軸」、內螺紋形狀的「螺帽」、傳達運動的「鋼珠」這3個零件組成。讓外螺紋的軸旋轉，內螺紋的螺帽做往復直線運動。在軸與螺帽間滾動的鋼珠會在螺帽內循環。

由於鋼珠的滾動運動所產生的摩擦力非常小，動作很流暢，因此多數用於需要精密定位的工具機或工業機器人（圖2.22）。軸的兩端用軸承承受，軸的單側使用聯軸器（於第3章說明）與馬達連結。

導程是挑選關鍵

導程是指外螺紋形狀的軸旋轉1圈時，內螺紋形狀的螺帽移動的量。例如：導程2的滾珠螺桿，其規格設定就是旋轉1圈能移動2mm。導程愈小定位愈精確，但移動所需要的時間也會愈長。相反地，導程愈大其移動速度愈快，但定位精度會下降。

市售的滾珠螺桿，其導程規格有1／2／4／5／6／8／10／12／16／20mm，最大到100mm。

此外，因為滾珠螺桿兩端是用軸承承受，所以軸徑精度很高。

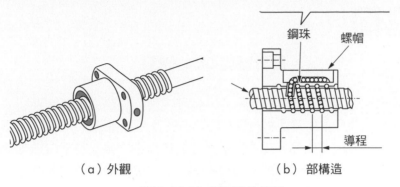

鋼珠　螺帽

導程

（a）外觀　　　　　　　（b） 部構造

圖2.21 滾珠螺桿的構造

＜動作順序＞
1. 與聯軸器直接連結的馬達開始旋轉。
2. 外螺紋的螺桿旋轉、內螺紋的螺帽移動。
3. 固定於螺帽上的床台做往復直線運動。

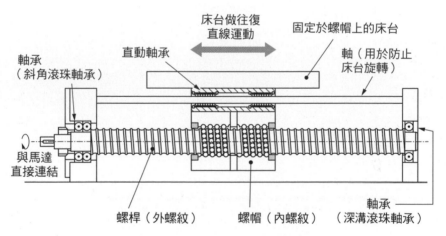

床台做往復
直線運動

固定於螺帽上的床台

軸（用於防止
床台旋轉）

直動軸承

軸承
（斜角滾珠軸承）

與馬達
直接連結

螺桿（外螺紋）　　螺帽（內螺紋）

軸承
（深溝滾珠軸承）

圖2.22 滾珠螺桿的使用範例

設計審查DR的訣竅

第1章介紹過的設計審查DR，執行上是有訣竅的。設計者以符合規格的設計為最優先條件來進行。另一方面，加工、組裝、調整等製造面無論如何都容易人力不足。這部分請求個別專家的意見就是DR的目的。此時，不是只獲得批評，「請對方提供解決方案」是最重要的。

只有批評，設計者依然不知道該怎麼辦。例如，某個零件即使得到「難以加工」的批評，設計者仍不知道該如何變更才能變得容易加工。這部分就需要加工的專家給予具體的意見，這點非常重要。

因此，DR的主持人必須要有這樣的認知，不是只獲得專家的「批評」，還需要引導出「具體的意見」，這就是DR是否成功的關鍵。

此外，DR的設計審查這個名稱讓人感覺是在判定合格與否，但實際上它不是審查，主旨是「全公司齊力一起製造好商品！」，所以改成如「構想檢討會」這種較輕鬆的名稱讓成員更容易提出意見，也是一種方法。

第 **3** 章

連接零件

公制螺紋

何謂公制螺紋

公制螺紋的螺紋牙頂溝槽為三角形，螺紋牙頂的角度為60°。雖說名稱是公制（米制），但單位是用毫米來表示。

外螺紋螺紋牙頂最高處的直徑稱為「外徑」，最低處的直徑稱為「底徑」。與此相反，內螺紋螺紋牙頂最深處的直徑稱為「底徑」，螺紋牙頂最淺處的直徑稱為「內徑」。換句話說，外螺紋的外徑與內螺紋的底徑一致，而外螺紋的底徑則與內螺紋的內徑一致。

螺絲牙的大小稱為「螺絲牙公稱」。「螺紋公稱直徑」表示外螺紋的「外徑」、內螺紋的「底徑」。實務上螺紋公稱直徑簡稱為「螺絲大徑」，因此以下用「螺絲大徑」表示。

螺距是指螺紋牙頂的間隔、牙頂間的間隔或牙底間的間隔。不過換個角度來看可能會搞混，理解成「轉動1圈前進的量」會比較好懂。

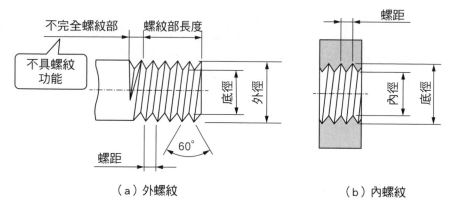

圖3.4 螺絲各部位名稱

螺距不同的粗牙螺絲及細牙螺絲

即使是相同的螺絲大徑，又可再區分為螺距大的「粗牙螺絲」及螺距小的「細牙螺絲」。例如，M5粗牙螺絲的螺距為「0.8mm」，細牙螺絲的螺距為「0.5mm」。粗牙螺絲及細牙螺絲的螺紋牙頂皆為60°，所以細牙螺絲的牙頂高度會比粗牙螺絲低。

一般都是使用粗牙螺絲，只有能活用以下特徵時才會使用「細牙螺絲」。

細牙螺絲與粗牙螺絲相比：

① 適合薄壁零件（因為牙頂數量多）。

② 不易鬆脫（因為螺旋傾斜角度小）。

③ 不易破裂（因為底徑較大）。

④ 可以微調（因為轉動1圈前進的量較少）。

此外，粗牙螺絲是一種螺距對應一種螺絲大徑，而細牙螺絲在M8以上有數種螺距，會從中挑選一個適當的級距。

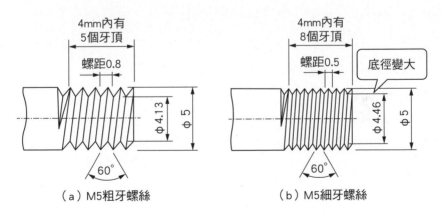

圖3.5 M5 粗牙螺絲及細牙螺絲的範例

公制螺紋表示方式

粗牙螺絲是在開頭加上「M」，以「M（螺絲大徑）」來表示。若外螺紋的外徑為4mm以「M4」表示，其內螺紋也同樣是「M4」。細牙螺絲則是用「M（螺絲大徑）×（螺距）」來表示。例如，M8細牙螺絲的螺距有「1」和「0.75」兩種，選「1」時就以「M8×1」來表示。

簡單來說，沒有螺距標示就是粗牙螺絲，有螺距標示則為細牙螺絲。

螺絲牙公稱（螺絲大徑）	螺距		外螺紋的外徑 內螺紋的底徑	外螺紋的「底徑」 內羅紋的「內徑」	
	粗牙螺絲	細牙螺絲		粗牙螺絲	細牙螺絲
M 3	0.5	0.35	3.000	2.459	2.621
M 4	0.7	0.5	4.000	3.242	3.459
M 5	0.8	0.5	5.000	4.134	4.459
M 6	1	0.75	6.000	4.917	5.188
M 8	1.25	1（0.75）	7.000	6.647	6.917（螺距1）
M10	1.5	1.25　1　（0.75）	8.000	8.376	8.917（螺距1）

注：單位為mm，M10以後省略。細牙螺絲盡量選擇（）以外的螺距。

圖3.6 螺絲主要的尺寸

不完全螺紋部

螺紋有全長皆加工及加工一半共2種。加工一半時，螺紋牙頂逐漸變淺，雖然也有螺旋溝槽，但不具有螺紋的功能。這個不具有功能的部分就稱為「不完全螺紋部」。圖中所標示的「螺紋部長度」不包含不完全螺紋部，僅表示具螺紋功能的長度（圖3.4）。

分類

螺絲及螺栓的種類

螺絲及螺栓的分類

　　大致可分成「小螺絲」、「螺栓」、「不需要工具的螺絲」、「特殊螺絲」4種。一般家庭使用螺絲起子的螺絲就是「小螺絲」。

　　想要確實鎖緊的地方就會使用「螺栓」；「不需要工具的螺絲」是用手就能鎖緊的螺絲；「特殊螺絲」有鎖緊的同時加工出內螺紋的螺絲等種類。

分類	名稱	外觀	特徵	工具
小螺絲	圓頭小螺絲		螺絲頭為圓頭，用於固定小零件。	十字起子、一字起子
	皿頭小螺絲		螺絲頭上部為平面，呈倒圓錐形。轉進螺絲後，螺絲頭不會凸出來。	
	大扁頭小螺絲		螺絲頭直徑比圓頭小螺絲大，但高度較低。	
螺栓	內六角孔螺栓		螺絲頭有六角形的孔，用六角扳手來鎖緊。	
	外六角螺栓		頭部外型為六角形，用扳手來鎖緊。	扳手、扭力板手
不需要工具	手轉螺絲		為了防止手滑，螺絲頭外部有細小的溝槽。	
	蝶型螺栓		旋轉蝶型處來鎖緊。	不需要工具
特殊螺絲	止付螺絲		沒有螺絲頭，螺絲兩側直接是六角形的孔。	六角扳手
	自攻螺絲		鎖緊的同時加工出內螺紋。	螺絲起子

圖 3.7 螺絲的種類

小螺絲的特徵

螺絲頭為圓頭的「圓頭小螺絲」用於固定不需要很大緊固力的小零件。「皿頭小螺絲」的螺絲頭呈圓錐形，鎖緊螺絲時螺絲頭會沉到表面下。不過，螺絲孔與切孔的中心若沒有對齊，螺絲頭會因切孔傾斜而向上浮動，無法沉到表面下，這點需要注意。「大扁頭小螺絲」的特徵是螺絲頭高度較低，因此外徑很大接觸面積很廣。外觀良好，所以適合固定表面。

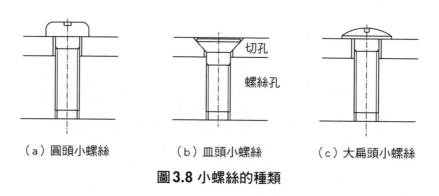

（a）圓頭小螺絲　　　　（b）皿頭小螺絲　　　　（c）大扁頭小螺絲

圖 3.8 小螺絲的種類

螺栓的特徵

需要強力固定時會使用「內六角孔螺栓」及「外六角螺栓」。內六角孔螺栓的螺絲頭為圓柱形，其中心為六角形孔，由於鎖螺絲時是使用L形的六角扳手插入旋轉，所以能鎖得非常緊。螺絲的材質為鉻鉬鋼及不鏽鋼，所以特徵是高強度。另一方面，螺絲頭太大為其缺點。螺絲頭的高度與螺絲大徑相同，例如：M8的螺絲頭高度就是8mm。若螺絲頭很礙事，就得用深沉頭孔加工讓它沉到表面下。

螺絲頭比內六角孔螺栓矮的是外六角螺栓。外六角螺栓的螺絲頭外型為六角形，使用工具是扳手。

在管理旋轉螺絲的緊固力矩時，若超過所設定的力矩會發出喀喀聲，可得知使用扳手時，力道不要超過此力矩。

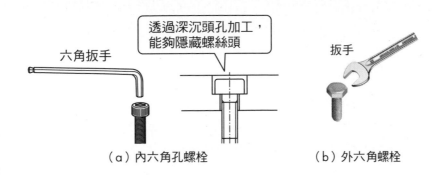

（a）內六角孔螺栓　　　　　　　（b）外六角螺栓

圖3.9 內六角孔螺栓及外六角螺栓

常使用內六角孔螺栓的原因

內六角孔螺栓相較外六角螺栓所擁有的優勢如下：

① 用來鎖外六角螺栓的扳手無法插進深沉頭孔，無法將螺絲頭透過深沉頭孔加工沉到表面下，但內六角孔螺栓能夠做到。

② 外六角螺栓只能用扳手的2個面來鎖緊，但內六角孔螺栓能用6個面鎖緊，所以比較穩定。

③ 數個螺絲彼此很靠近或是要在狹窄的地方鎖緊螺絲時，六角扳手因體積較小非常適合。而扳手因體積較大，所以若是每個螺絲間沒有一定的間隔會受到干擾。

④ 向上鎖緊螺絲時，在六角扳手插入六角孔內的狀態下旋轉，就能進入螺栓孔內，所以操作上非常方便。

另一方面，與其他需要從螺絲頭上方利用工具插入的螺絲不同，外六角螺栓的是唯一能用扳手從側面插入鎖緊的螺絲，這也是它的優點。

不需要工具的螺栓

應產品多樣化而需要頻繁更換零件時，追求的是能在短時間完成準備作業。此時，若無需施加龐大外力，使用不需要工具、用手旋轉就能鎖緊的「手轉螺絲」、「蝶型螺栓」會很方便。

日本市面上各家廠商都有在販售這種不需要工具的螺栓，種類非常多元。

特殊螺絲的特徵

「止付螺絲」沒有螺絲頭，螺絲兩側直接是六角形的孔，又稱做「無頭螺絲」（圖3.10（a））。因為沒有螺絲頭，所以能避免妨礙其他零件，適合在狹窄空間使用。另一方面，止付螺絲的六角孔愈小，六角扳手就愈細，因此緊固力比較弱。

「自攻螺絲」能在鎖緊螺絲的同時，在螺絲前端加工內螺紋（圖3.10（b））。特徵為不需要事先加工內螺紋。不過，僅限於較薄的鋼板（軟鋼材厚度5mm以下為基準）、鋁材或是塑膠材。又稱做「攻牙螺絲」。

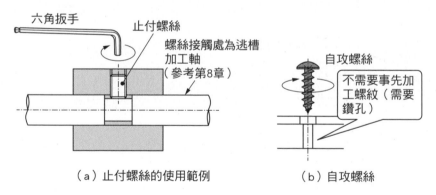

（a）止付螺絲的使用範例　　　　（b）自攻螺絲

圖3.10 止付螺絲及自攻螺絲

螺絲大小的挑選方式

選擇螺絲大徑的方法

　　螺絲大徑需要針對受到外力時不會破壞的極限值，考慮其安全係數來決定。按照施力方向極限值會有所不同，有無衝擊等的受力方式也會影響安全係數。

　　也就是說，螺絲大徑需要依據這些條件來檢討，但在實務上通常是根據經驗來決定。只有在必要時會藉由計算的方式來驗證。這裡用圖3.11來說明各螺絲大徑拉力方向及剪力方向所能容許的最大外力，提供參考。

螺絲大徑	內螺紋的有效斷面積（mm²）	抗拉載重（kgf）	剪力載重（kgf）
M 3	5.03	123	98
M 4	8.78	215	172
M 5	14.2	348	278
M 6	20.1	492	393
M 8	36.6	896	717
M 10	58.0	1420	1136

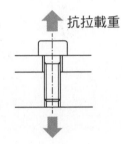
抗拉載重

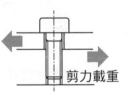
剪力載重

〈載重的前提條件〉
- 抗拉載重＝內螺紋的有效斷面積×抗拉強度／安全係數
- 剪力載重＝內螺紋的有效斷面積×剪力應力／安全係數
- 安全係數為「5」（交替反覆載重）
- 螺栓的強度區分為「12.9」（抗拉強度為1200 N／mm²，降伏點為抗拉強度的0.9倍）
- 剪力應力為抗拉強度的「80%」
- 1kgf ≒ 9.8N

圖3.11 螺絲能容許的外力大小

決定螺絲鎖入深度的方式

螺絲鎖入深度若太短,緊固力會變弱,螺絲牙頂可能會破損。此外,若深度太長會造成內螺紋加工的浪費,以及鎖進螺栓時過度旋轉。因此在這裡介紹螺絲鎖入深度的基準(圖3.12及圖3.13)。

(1)內螺紋材質為鋼鐵材質時

基本上「螺絲鎖入深度=螺絲大徑」,受到龐大的外力或震動時,設定成「螺絲大徑×1.5倍」。此外,表面不需要施加外力時,設定成「4個螺距長」即可。

(2)內螺紋材質為鑄鐵或鋁時

「螺絲鎖入深度=螺絲大徑×1.8倍」為基準。此外,材料較薄、無法確保螺絲鎖入深度,或是在塑膠材加工時,使用後面會說明的螺紋護套。

材料的種類		螺絲鎖入深度的基準	例)M6的螺絲鎖入深度(螺距為1mm)
鋼鐵材料(鑄鐵除外)			
	一般	與螺絲大徑同尺寸	6 mm
	震動 衝擊 重載重	螺絲大徑×1.5倍	9 mm
	輕載重(護套等)	4個螺距長	4 mm
鑄鐵或鋁		螺絲大徑×1.8倍	11 mm

圖3.12 螺絲鎖入深度的基準

內螺紋的螺絲鎖入深度及鑽孔深度

內螺紋加工是用鑽頭開了鑽孔後,用攻牙器(絲攻)來進行加工。這個螺絲深度以「螺絲鎖入深度」+「2個以上的螺距」為基準。此外,考慮到了攻牙器前端倒角部的長度,鑽孔需要加工比螺絲深度多5個螺距左右的深度。

選定螺絲大小的流程

　　綜合上述，選定螺絲尺寸的流程如下所示：

① 按以往經驗來決定「螺絲大徑」（不需要每次計算）。

② 從圖3.12假設必要的「螺絲鎖入深度」。

③ 螺絲鎖入深度加上固定的零件厚度來算出「螺絲長度」，從市售的螺絲中找出比這個計算值長一點的尺寸，決定「螺絲長度」。

④ 決定的螺絲長度減去固定零件的厚度，決定「螺絲鎖入深度」。

⑤ 螺絲鎖入深度加上2個以上的螺距，決定「螺絲深度」。

⑥ 螺絲深度加上5個左右的螺距來決定鑽孔深度，這個鑽孔深度不需要標示於圖面上，全權交由加工者處理。

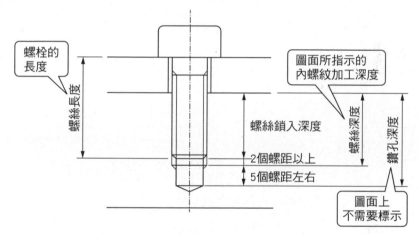

圖3.13 螺絲的加工尺寸

螺絲相關零件

內螺紋的六角螺帽

　　用螺絲緊固有2種方法，對目標工件進行內螺紋加工，以及使用市售的「六角螺帽」。使用六角螺帽就不需要加工內螺紋，就算螺紋受損了，只要更換新的螺帽即可，有著這樣的優點。另一方面，缺點為鎖緊螺絲時必須要同時固定螺絲及螺帽雙方，操作很不方便，以及螺帽會干涉到其他零件。因此，在機械零件上一般使用前者加工內螺紋的方式居多。

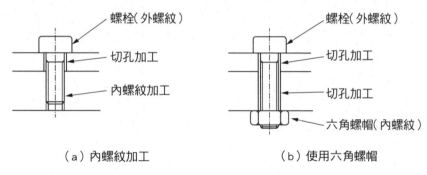

（a）內螺紋加工　　　　　　（b）使用六角螺帽

圖3.14 內螺紋加工及六角螺帽

提升內螺紋強度的螺紋護套

　　鋁材或是塑膠材等柔軟的材料上，若多次卸除M3等小螺絲，螺紋牙頂很容易損壞。因此，最少需使用M4以上的螺絲，但不得已需要較小的螺絲大徑時，就會使用「螺紋護套」。螺紋護套是使用不鏽鋼等較硬的材質製成，斷面為菱形環狀，內側通常是內螺紋。

使用專用的工具將螺紋護套埋入材料裡。螺紋護套的另一種用途是，因為某些原因螺紋牙頂破損時，藉由埋入螺紋護套就能讓螺絲復活。

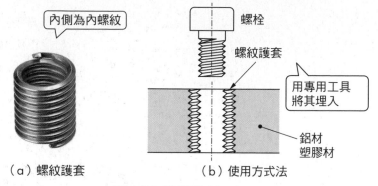

（a）螺紋護套　　　　　　　　（b）使用方式法

圖3.15 螺紋護套

使用普通墊圈的目的

墊圈是指夾在螺絲與目標工件間的零件。普通墊圈的外徑比螺絲頭外徑還大，需要固定的目標工件為鋁材或塑膠材這種較軟的材料時，藉由使用普通墊圈降低面壓來防止受損，以及防止由於面塌陷導致螺絲鬆動。此外，切孔過大時，藉由夾入普通墊圈來增大加壓面積。

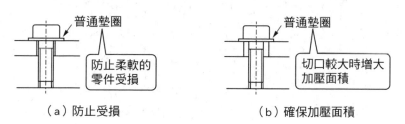

（a）防止受損　　　　　　　　　（b）確保加壓面積

圖3.16 使用普通墊圈的目的

彈簧墊圈的防鬆脫效果

彈簧墊圈又稱彈簧華司，是將普通墊圈的一部分切斷，呈扭曲的形狀。長期以來普遍認為彈簧墊圈具有防止鬆動的效果，但是與按照規定的鎖緊螺絲時所產生的力矩相比，受壓縮的彈簧墊圈恢復原狀的彈力非常地低，以及從各種振動試驗中無法看見防止鬆動的效果。從網路上也能查詢到許多相關的資訊，請參考看看。

防止螺絲鬆脫的方式

螺絲的設計是只要用適當的力矩鎖緊就不會鬆掉，但根據使用狀況如鎖緊面的粗糙程度，或是受到震動、衝擊、溫度變化的影響等，就有鬆動的風險。

防止鬆動的對策如下：

（1）沿著對角鎖螺絲

鎖緊螺絲時首先需要注意的是，鎖緊數個以上地方時，如果順著相鄰的螺絲一根一根地鎖下去，力量就會集中在一處，因此沿著對角鎖是最好的方式（圖3.17（a））。此外，第1圈是大概鎖一下的程度，第2圈才是真正鎖緊。

（2）加強鎖緊

「加強鎖緊」是指鎖完後放置一段時間再鎖緊一次，不是再施加更大的力鎖緊的意思。因為是使用相同的力矩鎖緊，所以這個方法主要是確認螺絲是否有鬆動的成分居多。

（3）防鬆動劑

接著介紹使用道具的處理方法，也就是在螺絲部塗抹防鬆動劑後固定螺絲。日本市面上販售著許多種類的防鬆動劑，如樂泰（LOCTITE®）等。操作非常簡單，所以經常使用。

（4）雙螺帽式

使用2個螺帽的方法稱為「雙螺帽式」。此時鎖螺帽的順序以及旋轉方向非常重要（圖3.17（b））。

步驟（1）鎖緊止動螺帽A。

步驟（2）鎖緊止動螺帽B。

步驟（3）將止動螺帽B固定住，接著反向旋轉止動螺帽A，讓止動螺帽A和B成互相擠壓的狀態。

（5）防鬆動螺帽

市面上販售著各家廠商努力研發的防鬆動螺帽。

（6）細牙螺絲

相對於粗牙螺絲，細牙螺絲的螺距較小，因此螺旋的傾斜角也較小，所以不容易鬆動。

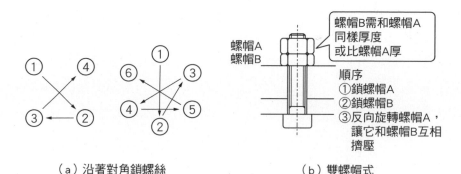

（a）沿著對角鎖螺絲　　　　　（b）雙螺帽式

圖3.17 防止螺絲鬆脫的範例

連接的機械零件

決定位置的平行銷及錐形銷

定位目標工件時會用到銷。平行銷為圓柱形狀，而錐形銷則偏向圓錐形。若需要事先立起銷，再對齊此銷定位時，會使用平行銷。平行銷用「干涉配合（壓入）」來固定，分別有接觸銷側面定位的端面基準，以及嵌入目標工件孔中的孔基準。在孔基準中，銷及目標工件的孔之間使用「餘隙配合」。

干涉配合是指銷的尺寸比孔粗，又稱為壓入配合，需要用塑膠槌輕輕敲打插入。餘隙配合則是銷的尺寸比孔細，所以很輕鬆就能插入。

用擴孔器同時在定位好的2個零件上加工錐孔後，再將錐形銷插入孔中。

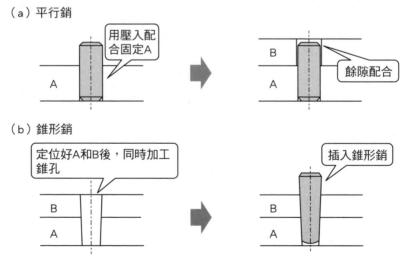

（a）平行銷

用壓入配合固定A

B

A

餘隙配合

（b）錐形銷

定位好A和B後，同時加工錐孔

插入錐形銷

B

A

B

A

圖3.18 平行銷及錐形銷的使用範例

形狀是錐形，所以銷與孔之間可以達到零間隙，因此定位準確，分離時也能恢復成原本的狀態。為了能輕鬆地拔出來，日本市面上也有販售在錐形銷的後端面有螺紋加工的產品。

簡易的彈簧銷

薄板捲成圓筒狀後呈銷狀的工件就是彈簧銷（圖3.19（a））。斷面稍微有點撐開，藉由插入孔來關閉銷進而產生彈力，固定孔的內壁。適用於不需要施加龐大的外力以及精度的地方，孔也不需要用絞刀加工，用切孔（鑽孔）即可使用也是其特徵之一。定位為平行銷的簡易版。

防止脫落用的開口銷

開口銷的外型如同鐵絲折彎成U字狀，用於防止零件脫落（圖3.19（b））。事先在目標工件上開孔，插入開口銷後，U字尖端分別向左右彎曲，藉此防止銷脫落。使用過一次的開口銷容易斷裂，所以無法重複使用。

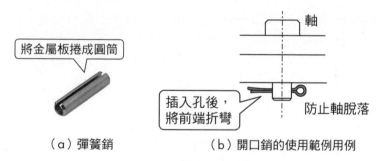

將金屬板捲成圓筒

插入孔後，
將前端折彎

軸

防止軸脫落

（a）彈簧銷　　　　　（b）開口銷的使用範例用例

圖3.19 彈簧銷及開口銷

軸相關的連接零件

連結軸與軸的聯軸器

連接2根軸時，會使用稱為coupling的聯軸器來吸收軸芯偏移。聯軸器是能容許一定範圍內的偏心及偏角的機械零件。特別是與馬達的驅動軸連結時，為了不造成馬達的負擔，必須使用聯軸器。

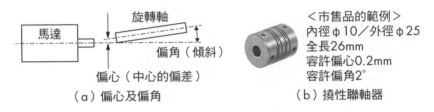

（a）偏心及偏角　　　　　　　　　　　（b）撓性聯軸器

圖3.20 偏心及偏角

聯軸器的種類及特徵如圖3.21所示。

種類	特徵	外觀
剛性聯軸器	用於2軸位置準確對齊，無偏心及偏角時。	
撓性聯軸器	藉由彎曲聯軸器，可容許偏心及偏角。最常被使用的聯軸器。	滑動型　橡膠型
歐丹聯軸器	用於雙軸平行出現大偏差的偏心時。	
萬向聯軸器	又稱為萬向接頭，用於2軸以一定角度相交時。	

圖3.21 聯軸器的種類手の種類

防止旋轉誤差的鍵

固定軸的機構零件有齒輪、傳動帶滑輪、傳動鏈條的鏈輪，以及聯軸器。因為傳達驅動力的軸會在瞬間承受龐大的外力，只靠螺絲緊固的可靠度很低。因此，為了不產生旋轉誤差，用來拘束機械的零件就是鍵。

在軸與欲固定的零件上加工凹槽（稱為鍵槽），對齊雙方的凹槽，藉由在四角孔開孔處插入四角棒的鍵來防止旋轉誤差。市售的齒輪或滑輪上會有鍵槽也是基於這個理由。鍵與鍵槽的尺寸按JIS規格決定。

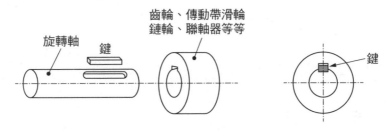

圖 3.22 鍵的使用方式

保護過度負載的扭力限制器

因為某些問題導致軸需要承受比設定值龐大的外力時，為了防止驅動馬達或從動側的機構損壞，需要阻斷軸的轉達，這個安全離合器稱為扭力限制器（圖3.23）。

嚙合部的構造有使用彈簧、使用壓縮空氣以及使用磁力共3種類型。此外，離合器作用後是自動歸位還是手動歸位、每次是否在同個位置嚙合等，在市面上可以找到各種規格。

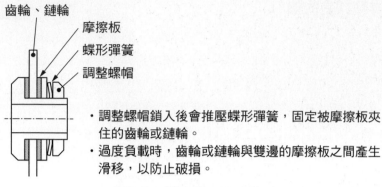

齒輪、鏈輪

摩擦板

蝶形彈簧

調整螺帽

- 調整螺帽鎖入後會推壓蝶形彈簧，固定被摩擦板夾住的齒輪或鏈輪。
- 過度負載時，齒輪或鏈輪與雙邊的摩擦板之間產生滑移，以防止破損。

圖3.23 扭力限制器的構造

防止鬆脫的扣環

　　藉由在軸或孔的溝槽中嵌入扣環，以固定目標工件或防止鬆脫。體積薄不占空間以及價格便宜為其特徵。大小皆按照JIS規定，嵌入扣環的加工溝槽尺寸也由JIS制定。

　　C形扣環是與軸平行插入的類型，有軸用及孔用兩種。E形扣環為軸專用，是能從軸側面插入的類型。

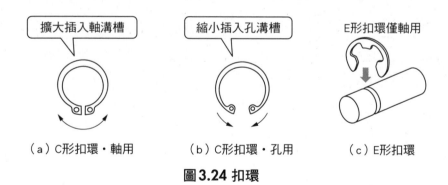

擴大插入軸溝槽　　縮小插入孔溝槽　　E形扣環僅軸用

（a）C形扣環・軸用　　（b）C形扣環・孔用　　（c）E形扣環

圖3.24 扣環

第**4**章

機械零件

往復直線運動的導引機構

導引機構全貌

根據傳達運動時所導引的方向，可區分為往復直線運動和旋轉運動。前者直線運動導引會使用「線性滑軌」、「直線軸承」，後者旋轉導引則使用「軸承」。另外，還有「襯套」這種直線運動和旋轉兩者皆可的導引機構。

從構造差異來看，有透過滾動鋼珠運作、摩擦力小的「滾動軸承」，以及軸和軸承間以面承受外力的「滑動軸承」，尤其滑動軸承很適合在需要承受較大的外力或衝擊力時使用。

導引方向	種類	構造	搭配組合	外觀
直線運動	線性滑軌	滾動軸承	成套使用	
	直線軸承（線性襯套等）	滾動軸承	軸	
	防旋轉直線軸承（滾珠花鍵）	滾動軸承	與專用的軸配套使用	
	附滑軌直線軸承（線性滑軌等）	滾動軸承	與專用滑軌配套使用	
旋轉	軸承	滾動軸承	軸	
直線運動・旋轉	襯套	滑動軸承	軸	

圖4.1 導引機構全貌

線性滑軌

結構最為簡單，由板金加工成凹狀的2個構件組合而成，兩者間夾嵌入鋼珠。輕巧且經濟，適合用於導引不需要精度且較輕的物品。經常用在桌子抽屜的滑動部，又稱為滑軌。

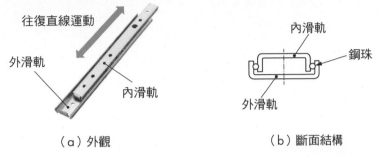

（a）外觀　　　　　　　　　（b）斷面結構

圖4.2 滑軌

直線軸承與止轉

直線軸承僅使用於往復直線運動，不用於旋轉方向，其結構為鋼珠在保持器中隨著運動循環。適用於摩擦力小、高精度的定位。名稱根據廠商有所差異，如線性襯套、滑動襯套、線性軸承。

有止轉機能的直線軸承，軸上有溝槽，裡面設置鋼珠約束其旋轉，與專用的軸配套使用，又稱為滾珠花鍵或是導引滾珠襯套。要防止無止轉功能的直線軸承停止旋轉，必須2個並列使用；使用有止轉功能的直線軸承，僅需要1個即可，這是其一大特徵（圖4.3）。

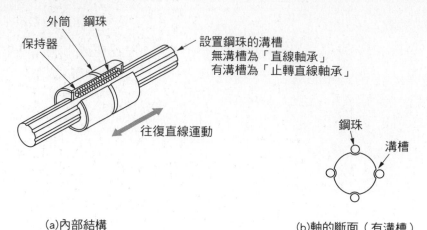

(a)內部結構　　　　　　　　　(b)軸的斷面（有溝槽）

圖4.3 直線軸承

附滑軌的直線軸承

　　結構為滑塊在專用滑軌上導引往復直線運動。同樣是由鋼珠引起的滾動運動，適用於高速、高負重、高精度定位。又稱為LM滾動導軌、線性導軌。

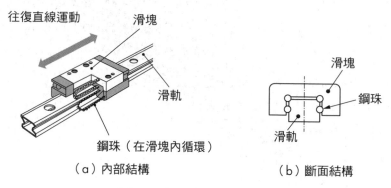

（a）內部結構　　　　　（b）斷面結構

圖4.4 附滑軌的直線軸承

旋轉運動的導引機構

軸承

　　滾動軸承（軸承）是藉由滾動鋼珠來運作，所以摩擦力小，並且能夠便宜購入。構造簡單，由外輪、內輪、鋼珠、保持器組成。分為垂直軸方向（直徑方向）受力的「徑向軸承」及沿著軸方向受力的「止推軸承」2種類型。這些軸承的規格皆由JIS規格來制定，以「公稱號碼」表示，不同廠牌間也相容。

主要的軸承種類

　　軸承的主要種類分為徑向方向的「深溝滾珠軸承」、「圓筒滾子軸承」、「滾針軸承」、止推方向的「止推滾珠軸承」，以及能同時承受徑向與止推方向作用力的「斜角滾珠軸承」（圖4.5~4.8）。

　　深溝滾珠軸承是最通用的軸承，除了徑向方向，也能承受些許止推方向的作用力。因為藉由使用鋼珠以點接觸，所以摩擦力較小，適合用於高轉速或低噪音。用圓筒取代鋼珠的就是圓筒滾子軸承。圓筒滾子軸承是以線接觸，所以能承受龐大的作用力。此外，滾針軸承使用許多細針狀（needle）的圓筒滾子，英文是needle bearing。因為圓筒滾子的數量很多，所以特徵是能承受較大的作用力，外徑也較小。

　　需要承受止推方向的作用力時，使用止推滾珠軸承。

　　斜角滾珠軸承藉由讓鋼珠具有接觸角，得以同時承受徑向及止推方向的作用力。如圖4.8的b圖所示，一般會將2個軸承對向設置。

軸承的安裝方法

安裝軸承有使用專用的墊圈與螺帽固定內輪的方法、固定外輪的方法、使用扣環的方法等。固定位置的詳細尺寸皆記載於廠商型錄中。

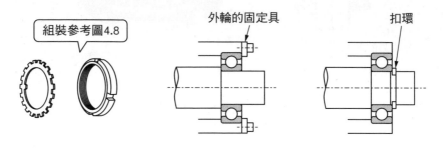

（a）軸承用墊圈和螺帽　　　（b）固定外輪　　　（c）用扣環固定

圖4.9 滾動軸承的安裝方式

滑動軸承的襯套

襯套是唯一以面受力的滑動軸承，適用於應對龐大的外力及衝擊。有先在金屬、樹脂材料中浸漬潤滑劑後使用的樣式，也有無須任何潤滑劑就能使用的樣式。

襯套屬二刀流，不僅能做往復直線運動，還能做旋轉運動。襯套的外徑以「干涉配合（壓入）」來固定。因為不使用鋼珠，所以厚度很薄只有1mm。

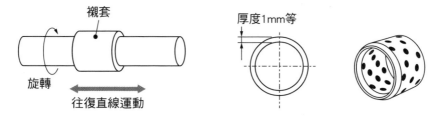

圖4.10 滑動軸承的襯套

彈簧

彈簧的特徵及用途

不管是什麼材料，只要施加作用力就會產生變形。移除作用力就會恢復原狀，這種性質稱為彈性變形，而無法恢復原狀的稱為塑性變形。彈簧是利用彈性變形的機械零件。活用這項特性使用於：

①利用作用力與變形的關係（拉伸或壓縮的機械零件）。

②緩和衝擊（減震器等）。

③利用彈簧的恢復力（時鐘的發條等）。

彈簧有許多種類，使用線材捲成螺旋狀的「壓縮螺旋彈簧」、「拉伸彈簧」、「螺旋扭轉彈簧」是常用的類型。

（a）壓縮螺旋彈簧　　　　（b）拉伸彈簧　　　　（c）螺旋扭轉彈簧

圖4.11 彈簧的種類

挑選彈簧的關鍵

以前彈簧的市售品很少，所以設計師每次都要依照需求設計彈簧。但是，現在已經可以便宜且快速地取得各種規格的彈簧。因此，這裡要介紹挑選的關鍵。

挑選時最重要的條件是彈簧的強弱程度，以數值來表示就是「彈簧係數」。單位為N／mm，這項數值愈大愈不易變形。

「自由長」表示未施加作用力時的全長，而「最大變形量」表示可承受之最大的變形量。

壓縮線圈彈簧

壓縮線圈彈簧的原理是利用未施加作用力的彈簧壓縮後回到原位的恢復力。

壓力的大小（N）＝彈簧係數（N／mm）× 彈簧的變形量（mm）

規格上，無法將彈簧壓縮至完全密合。最大的變形量記載在廠商型錄中。

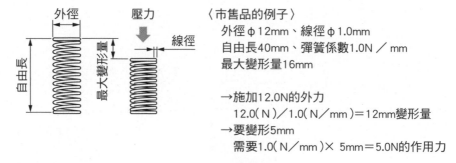

〈市售品的例子〉
外徑φ12mm、線徑φ1.0mm
自由長40mm、彈簧係數1.0N／mm
最大變形量16mm

→施加12.0N的外力
12.0(N)／1.0(N／mm)＝12mm變形量
→要變形5mm
需要1.0(N／mm)× 5mm＝5.0N的作用力

圖4.12 壓縮線圈彈簧

張力線圈彈簧

與壓縮線圈彈簧相反，張力線圈彈簧是利用伸展時的恢復力。為了能輕鬆地伸展，彈簧的兩端為掛鉤形狀。

此外，張力線圈彈簧開始變形時的作用力大小稱為「初張力」（N／mm），初張力以下的作用力不會產生變形。

拉力的大小（N）＝彈簧係數（N／mm）× 彈簧的變形量（mm）＋
初張力（N）

拉伸超過型錄所記載的最大變形量後會產生塑形變形，因為變形會
殘留所以需要特別注意。

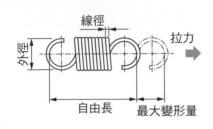

〈市售品的例子〉
外徑φ10mm、線徑φ1.4mm
自由長30mm、彈簧係數5.6N／mm
最大變形量6.5mm、初張力12.8N

→施加30N的外力
（30-12.8）N／5.6（N／mm）
≒3.1mm變形量

→變形5mm
（5.6N/mm×5 mm）＋12.8N
＝40.8Nの力が必要

圖4.13 張力線圈彈簧

準備彈簧的訣竅

用前頁的計算式選出適合的彈簧，但組裝進機械時，由於可動部的摩
擦或彈簧本身的差異導致無法完成預期動作，這樣的情形也很常見。彈簧
單價約100日圓、200日圓非常便宜，因此在準備時除了目標的彈簧係數，
建議也準備稍強及稍弱的彈簧共3個，配合現場選擇最適合的彈簧。

此外，想要提升壓縮彈簧的壓力時，在現場會藉由插入普通墊圈、間
隔柱增加變形量的方式來調整。

其他機械零件

凸輪從動件及滾柱從動件

　　凸輪從動件及滾柱從動件是用在外輪滾動的機構上。為了能承受龐大的作用力及衝擊，外輪較厚，且會使用在搬運用滾輪、凸輪機構等中與凸輪輪廓接觸的零件上。

　　有與目標物件線接觸的圓筒狀、點接觸的球面狀2種，有軸的為凸輪從動件，沒有軸的為滾柱從動件。

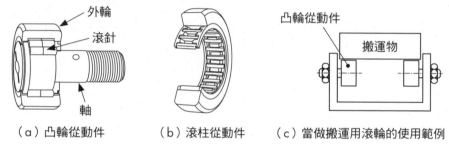

（a）凸輪從動件　　　　（b）滾柱從動件　　（c）當做搬運用滾輪的使用範例

圖4.14 凸輪從動件及滾柱從動件

能輕鬆搬運的萬向滾珠

　　重物在台上滑動時，因為會產生摩擦力，所以需要龐大的作用力。此時，若能在滾動的鋼珠上滑動，就能大幅地減少摩擦力，以較小的力推動。具有這項功能的零件就是萬向滾珠（圖4.15）。因為是點接觸，任何方向皆能推動為其特徵，常用於傳動帶、工作台。

　　此外，日本市面上亦有販售透過切換壓縮空氣讓滾珠能上下移動的氣流上浮式滾珠組件。

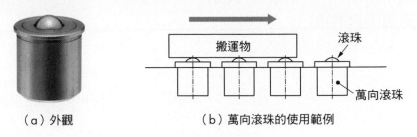

（a）外觀 　　　　　　　　　　　（b）萬向滾珠的使用範例

圖4.15 萬向滾珠

組裝彈簧的定位珠

　　前面介紹的萬向滾珠中組裝彈簧的構造就是「定位珠」。對鋼珠施力，鋼珠就會往內縮。運用這個性質，推壓鋼珠至目標工件，或是在目標工件上設置凹洞來完成定位。

　　鋼珠的大小、伸縮量、彈簧的強度（彈簧係數）有各種不同的變化組合。

（a）外觀及內部構造

（b）推壓的範例　　　　　　　　　（c）凹洞上定位的範例

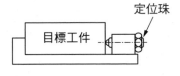　　　　　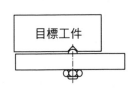

圖4.16 定位珠

緩衝用的減震器

減震器是具有緩衝功能的零件（圖4.17（a）及（b））。減震器也用於汽車，藉由減震器緩衝路面的顛簸來提升乘坐的舒適度。

機械中想要用制動器定位時，若速度太快會因為衝擊產生反彈。因此，藉由使用減震器，在停止前承受其作用力，就能使其緩緩地停下。除了油壓構造，也很常使用簡單的彈簧構造。

維持密封性的O形環

想要維持氣體、液體的密封性時會使用O形環。斷面為圓形，外形除了圓形也有長方形。O形環嵌入溝槽中，藉由壓縮使其稍微變形避免出現間隙，進而防止空氣、氣體、水、油洩漏（圖4.17（c）及（d））。

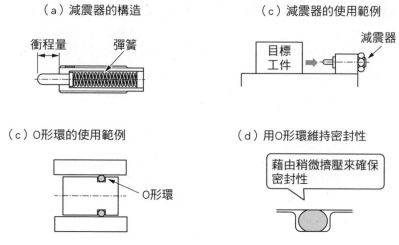

圖4.17 減震器及O形環

水平螺栓、腳輪及吊環螺栓

　　水平螺栓是支撐機械底座的零件，又稱調整螺栓。生產工作現場的地板大多數不是水平，所以將機械調成水平或調整高度就是水平螺栓的作用。

　　若要確認水平狀態，會在底座基板上放置水平儀來確認。水平儀的構造很簡單，在液體中封入氣泡，傾斜時氣泡會靠近某一側，水平時氣泡則會落在水平儀中心，是非常容易使用的測量儀器。

　　此外，需要移動機械時，滾動固定在底座下方四角的腳輪即可，非常方便。日本市面上也有販售附制動器的腳輪，一般是用腳輪將機械移動到設置地點後，再用上述的水平螺栓抬起每個腳輪並固定。市面上亦有販售附腳輪的水平螺栓。

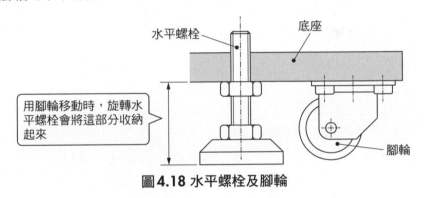

水平螺栓　　底座

用腳輪移動時，旋轉水平螺栓會將這部分收納起來

腳輪

圖4.18 水平螺栓及腳輪

　　若變得很難滾動需要吊起來時，會在機械上端安裝環狀的吊環螺栓來使用。與使用的吊環螺栓個數無關，就安全方面即使只有1個吊環螺栓，選擇能承受機械重量的規格才是必要的。

供給零件的機械要素

零件供給的狀態

　　向裝配機、檢測機這類機械供給零件時，零件供給的狀態有2種。一種是零件正反面、方向不固定，零件散亂的狀態。另一種是零件正反面、方向統一，可以收納進棧板（托盤）、捲帶、管子這類容器中的狀態。

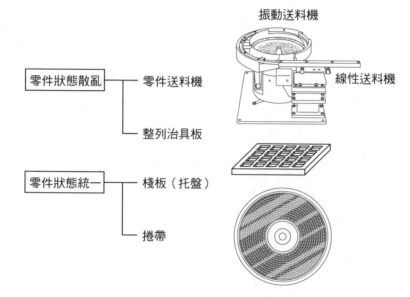

圖**4.19** 零件供給的型態

整列供給零件的送料機

　　統一散亂零件的正反面及方向的方法有2種，使用整列供給零件的送料機或使用整列治具板。

零件送料機藉由給予些微振動，在供給零件的同時統一正反面及方向，具有「供給＋區分正反面＋區分方向」的功能。這種振動很獨特，零件的運行面朝斜上方振動。因此，零件會被拋往斜上方，接著自然落下後，就會前進一步。此外，藉由在零件的運行面及側面設置凹凸，供給零件的同時統一零件的正反面及方向。

藉由斜面振動，從a點慢慢地朝e點移動。

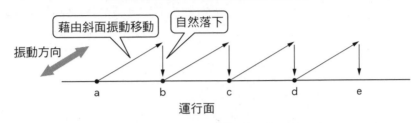

圖4.20 零件送料機的搬送原理

振動送料機及線性送料機

　　零件送料機分為振動送料機及線性送料機。振動送料機為螺旋漏斗狀，零件散亂地投進裡面後，零件會在沿著螺旋運行面攀升的同時進行區分。不對的零件會在這裡被彈開，從漏斗的下方掉落，再次重新攀升。這個運行面上所下的工夫就是零件送料機廠商的技術知識。

　　另一方面，線性送料機也運用相同的振動原理，直線搬運零件。這裡不進行正反面及方向的區分。投進振動送料機的零件藉由線性送料機供給至機械。振動送料機及線性送料機是可以配合零件形狀客製化的產品。

利用凹凸的整列治具板

例如，板子的表面設置凹凸，在上方放投進散亂的零件後給予振動，藉此統一正反面及方向的治具就是整列治具板。振動方式有自動與用手搖動板子這2種方式。與零件送料機相比，價格較便宜也容易導入。

整列治具板需要面對的課題是充填率。所有的凹凸都嵌入零件是最好的，但不管怎樣都會出現缺漏。若要提高這項充填率，凹凸的形狀、振動的方向及大小是關鍵。

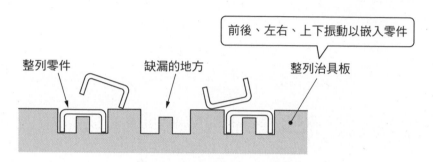

前後、左右、上下振動以嵌入零件

整列零件　　　缺漏的地方　　　整列治具板

圖4.21 整列治具板的範例

整列狀態下的供給

若能事先統一零件的正反面及方向，零件供給至機械時會輕鬆許多。將收納零件的棧板（托盤）、捲帶、管子直接設置在機械上，依序將零件取出。零件供給完後，自動更換下一個收納容器，藉由讓機械具有這種功能，達到長期無人化運作（自動運轉）。

第 **5** 章

驅動器

通用馬達

何謂驅動器

　　將能源轉換成機械運動的驅動機器稱為驅動器。主要有以電力為能源的馬達及以流體為能源的汽缸。

　　馬達能控制速度、加速度、停止位置，適用於高精度的動作。機械手臂、工具機和家用電器會用馬達當主要動力源，就是基於這些理由。

　　另一方面，汽缸分為利用空氣壓力的氣壓缸及利用油壓的油壓缸。與馬達相比，機構較單純、也較容易控制並能獲得較大的輸出功率，所以廣泛用於機械中。但是，在家中很難製造空氣壓力、油壓，所以不會使用於家用電器。

　　接著，從馬達開始說明。

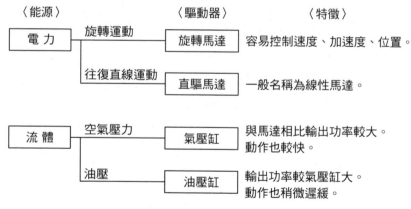

圖 5.1 驅動器的大分類

馬達的分類

依據馬達的動作方向區分為旋轉馬達及直驅馬達（線性馬達）。一般直線運動需要組合旋轉馬達及滾珠螺桿，但直驅馬達不需要旋轉就能直接產生往復直線運動。

馬達的使用方式有2種。一種是「速度控制」，像使用連續旋轉的電風扇，即使要調整速度，也不需要精確地停止在某個位置。另一種是「速度控制＋位置控制」，如需要反覆旋轉及停止的機械手臂、工具機，就需要精確地停在某個位置上。

此外，隨著輸入電源的不同，可區分為使用直流電驅動的DC馬達（直流馬達），以及使用交流電驅動的AC馬達（交流馬達）。直流電主要使用DC12V、DC24V等的一次電池或充電電池，筆電等大多數的家用電器都是使用直流電。因此，固定擺放的家用電器會用交流配接器將100V的交流電轉換成直流電。工廠的交流電電源以AC200V為主。

方向	控制	電源	馬達的種類	特徵
旋轉	速度制御	直流電	DC馬達 無刷直流馬達	汎用品 通用品
		交流	長壽產品	汎用品
	速度控制 ＋ 位置控制	直流電 ● 交流電	步進馬達 伺服馬達	通用品 開放迴路
直動	速度控制 ＋ 位置控制	交流電	線性馬達	唯一的往復直線運動

圖5.2 馬達的分類

DC馬達／直流馬達

當電力流過在磁鐵間自由旋轉的線圈時，會根據弗萊明左手定則產生電磁力。DC馬達利用這個電磁力讓成為軸的線圈旋轉。但是，線圈旋轉90°時，對磁鐵來說電力的流動方向調換、電磁力也反轉，因此藉由每旋轉半圈電流方向都會切換的方式來達到連續旋轉。旋轉線圈兩端的整流子，藉由接觸固定住的碳刷來供給直流電。

轉速藉由轉換電壓的方式來控制，旋轉方向則是用改變電源極性的方式控制。DC馬達有較高的轉速但力矩很小，所以需要較大的力矩時，會組裝減速機使用。

缺點是旋轉時整流子一直接觸碳刷，所以碳刷容易耗損。因此，每數千小時就必須更換一次碳刷。此外，也有可能會產生火花，所以不能在有可燃性氣體的環境下使用，而且火花的噪音也可能干擾精密機械（圖5.3（a））。

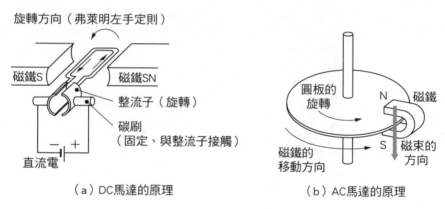

（a）DC馬達的原理　　　　　（b）AC馬達的原理

圖5.3 DC馬達及AC馬達的原理

無刷DC馬達

彌補DC馬達弱點的馬達就是無刷直流馬達。無刷就是指沒有碳刷。用電子電路取代碳刷及整流子，來改變電流的方向。因此，沒有碳刷磨耗、火花產生的問題，免保養、壽命長、重量較輕，也較少產生噪音及振動。活用這些優點，無刷直流馬達廣泛應用在家用電器中。

AC馬達／交流馬達

如圖5.3的b圖，沿著圓板（導體）旋轉磁鐵，圓板與磁鐵會朝同一個方向旋轉。這是藉由磁鐵的移動在圓板上產生渦電流，在磁鐵的磁束及渦電流的相互作用下所產生的現象。AC馬達不旋轉磁鐵，取而代之的是透過交流電製造會旋轉的磁場，藉此讓當中的導體旋轉。這稱為感應馬達，英文是induction motor。

每個馬達的轉速及力矩都是固定的，基本上使用方式是以定速連續旋轉。想要改變速度時，會使用逆變器改變頻率來處理。不像DC馬達需要改變電流方向，所以不需要碳刷與整流子。構造很簡單，只有製造磁場的定子、旋轉軸的轉子以及底座。高輸出、價格低、很少故障、壽命長。

隨著供給電源的不同會有所差異，吸塵器等家用電器會使用單相100V馬達，工廠的工具機、生產設備等會使用三相200V馬達。

家用的電風扇有DC馬達及AC馬達兩種規格。從廠商型錄中探索其中的差異也很有趣。

控制位置的馬達

兩種位置控制

在介紹步進馬達與伺服馬達之前，先說明位置控制的方法：從控制器向馬達指示轉速及停止位置的目標值。此時，僅單向發出指令的控制稱為「開迴路控制」。雖然反應速度很快，但無法確認是否真的符合目標值。缺點是容易受到噪音等外部因素影響。

另一方面，「閉迴路控制」能感測輸出功率，藉此確認是否如預期動作，在消除與目標值間的偏差前控制器會反覆下達指令。因此，能獲得較高的精度，又稱為反饋控制。

步進馬達使用前者的開迴路控制，伺服馬達則使用後者的閉迴路控制。

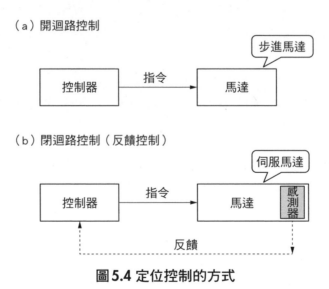

圖 5.4 定位控制的方式

步進馬達的概要

步進馬達被當做印表機的送紙、調整冷氣機風向葉片的動力源來使用。用反覆開關電源的脈衝信號來驅動馬達，因此又稱為脈衝馬達。一個脈衝指令所旋轉的角度稱為步距角，一般馬達的步距角為0.72°或1.8°。

「馬達的旋轉角度＝步距角 × 脈衝個數」，所以想要用0.72°的步進馬達旋轉180°時，需要250個脈衝。換句話說，這個步距角為最小的目標精度。

每分鐘的旋轉次數為「馬達的轉速（r／min）＝步距角（°）／360°×脈衝速度（Hz）×60」。此時的脈衝速度為「每秒的脈衝個數」。

系統由「步進馬達」、「驅動器」、「控制器」組成。從可程式控制器等向控制器發送開始指令，接著控制器用脈衝信號向驅動器傳達必要的旋轉量及轉速。驅動器按照脈衝信號向馬達傳遞指定的電流，藉此驅動其運作。

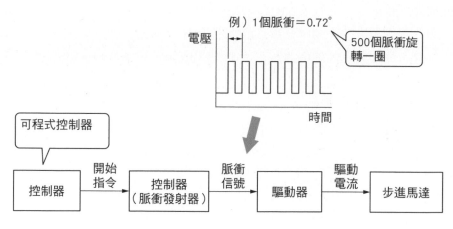

圖5.5 步進馬達的組成及脈衝信號

步進馬達的特徵

步距角愈小的馬達就愈能高精度定位，因為是開迴路控制，回應性很好，速度控制也很容易。此外，旋轉部無接觸，壽命很長，停止時有很大的維持力。換句話說，就算從外部施加一定程度的作用力也不會偏離，所以不需要使用機械制動裝置為其優點。不過，停電時就會失去維持力，所以用於升降機構時，可以考慮採用附電磁制動器的規格，以確保安全。

另一方面，步進馬達力矩很小，且每一個脈衝如鐘錶的秒針旋轉一周，所以會有微振動這項缺點。此外，因為是開迴路控制，從外部施加一定程度以上的作用力時，與目標值間會出現偏差；以及為了在停止時也能確保維持力，需要持續流入電流，因此容易發熱。

高精度的伺服馬達

伺服馬達為閉迴路控制，適合用在要求高速、高精度，且需要頻繁地重複開始與停止的動作。為了能夠急加速、急減速，縮小轉子的直徑以降低慣性，或是為了得到較大的力矩加長轉子的直徑等，在改良上下了許多工夫。依據電流的不同，分為直流電用的DC伺服馬達與交流電用的AC伺服馬達。伺服馬達內部構造為在稍早介紹過的DC馬達或AC馬達內加裝感測器。

DC伺服馬達的構造需要碳刷與整流子接觸，因此需要保養。解決這項問題的就是AC伺服馬達。無碳刷所以不需要保養，藉由高密度捲線及提升磁鐵的特性來推動馬達小型化。現在的主流是AC伺服馬達。

直線傳動的線性馬達

　　一般來說要產生往復直線運動，會透過組合馬達和滾珠螺桿的方式；或是像電梯一樣，藉由馬達的旋轉捲升鋼索來達成上下的直線運動。相對地，這個線性馬達不需要透過旋轉運動就能直接產生往復直線運動。

　　原理與旋轉類型的馬達相同，旋轉馬達的直徑無限大後近似於直線。身邊常見的電動刮鬍刀，其刀片的滑動就使用了線性馬達。

個別馬達的特徵

　　下圖簡單地統整了到目前為止所介紹的馬達特徵。

	DC馬達（直流）		AC馬達（交流）		步進馬達	伺服馬達	
	DC馬達	無刷直流馬達	單相馬達	三相馬達		DC伺服馬達	AC伺服馬達
電源	直流	直流	交流	交流	直流／交流	直流	交流
大小	小	小	大	中～大	中	小	小～中
速度範圍	廣	廣	窄	廣	廣	窄	中
回應性	中	中	差	差	中	好	好
壽命	短	長	長	長	長	短	長
價格	低價	普通	低價	低價	普通	高價	高價
特徵	低成本	壽命長	低成本	通用	定位	高功能	高功能
使用範例	家電電動工具	家電	洗衣機吸塵器	傳動帶冷氣機	家電	列表機工具機	傳動帶工具機

注：「大小」是以相同的輸出功率來比較。

圖5.6 各個馬達的特徵

汽缸的分類

汽缸有2種構造。「單動氣壓缸」的構造是利用壓縮的空氣朝單一方向運動，復位則利用內建的彈簧。沒有供給壓縮的空氣時，有伸出型及壓入型。

雖然配管很簡單，但因為是使用彈簧的作用力，所以難以調整速度、彈簧壓縮方向的輸出較弱為其缺點。

因此，一般會使用前進及後退皆可用壓縮的空氣來控制的「雙動氣壓缸」。

（a）單動氣壓缸（利用壓縮的空氣朝單一方向運動，回到原位則使用彈簧的作用力）

伸出型　　　　　　　　　　壓入型

（b）雙動氣壓缸（前進及後退皆可用壓縮的空氣控制）

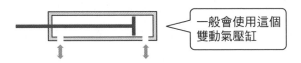

一般會使用這個
雙動氣壓缸

圖5.8 氣缸的分類

雙動氣壓缸的動作循環

做前進、後退的往復直線運動的零件稱為活塞桿，壓縮的空氣的導入口稱為接口。圖5.9中，在活塞桿完成後退的狀態下（①），是從接口B來供氣。活塞桿前進時（②），切換成接口A來供氣。若活塞桿前進至前端盡頭就是完成前進的狀態（③）。活塞桿後退時（④），需要切換成接口B來供氣。這樣是一次的動作循環。

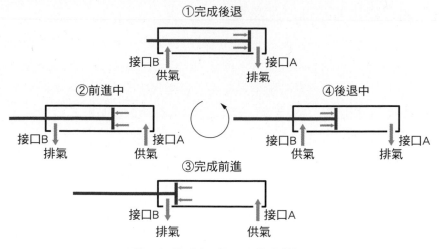

図5.9 雙動氣壓缸的動作循環

汽缸的推進力

　　前進、後退的作用力為「活塞的受壓面積 × 空氣壓力」。前進時，用活塞全部的面積承受壓縮的空氣的壓力，後退時由於少了活塞桿徑的面積，前進與後退的作用力有所差異。假設活塞的直徑為 ϕD，活塞桿的直徑為 ϕd，前進時的受壓面積為「$(D^2 / 4) \times \pi$」，後退時的受壓面積則為「$((D^2 - d^2) / 4) \times \pi$」。

　　此外，汽缸廠商型錄中標示汽缸徑為 $\phi 10$、$\phi 20$，這些都是表示活塞的直徑 ϕD。

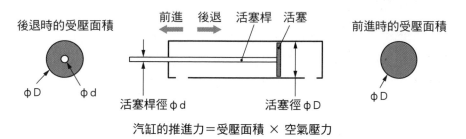

汽缸的推進力＝受壓面積 × 空氣壓力

図5.10 汽缸的受壓面積

隨汽缸徑變化的推進力及衝程

圖5.11表示各種空氣壓力供給的汽缸推進力。從當中的數值可以知道前進的推進力比後退的推進力大。推進力的單位N除以9.8可換算成kgf。

此外，活塞桿的移動距離稱為衝程，根據汽缸的大小有許多不同的選擇。例如：汽缸徑 ϕ 20的衝程，可以從25／50／75／100／125／150／200／250／300m當中選擇。

汽缸徑 （mm）	活塞桿徑 （mm）	動作方向	受壓面積 （mm²）	汽缸的推進力（N）		
				空氣壓力（相對壓力）		
				0.3MPa	0.5MPa	0.7MPa
6	3	前進 後退	28.3 21.2	8.5 6.4	14.2 10.6	19.8 14.8
10	4	前進 後退	78.5 66.0	23.6 19.8	39.3 33.0	55.0 46.2
16	5	前進 後退	201 181	60.3 54.3	101.0 90.5	141 127
20	8	前進 後退	314 264	94.2 79.2	157 132	220 185
25	10	前進 後退	491 412	147 124	246 206	344 288
32	12	前進 後退	804 691	241 207	402 346	563 484

圖5.11 汽缸的推進力

擺動式驅動器

擺動式驅動器不是連續旋轉360°，而是在一定的角度內做擺動運動的汽缸。每個汽缸都有固定的擺動角，一般為90°、180°、270°。如圖5.12的a圖，有旋轉軸有葉片的葉片式，以及用與活塞連結的齒條使小齒輪旋轉的齒輪齒條式。

具有機械機能的汽缸

到目前為止所介紹的汽缸中，組裝機械機構的類型日本各家廠商皆有販售。用二爪挾持目標工件的汽缸稱為氣壓夾頭或氣壓夾手，它活用空氣的壓縮性，能夠輕柔地抓住目標（圖5.12（b））。

此外，藉由附加導引機構，製造出具有良好精度、優良耐荷重等各式各樣的類型（圖5.12（c）及（d））。

以往，除了汽缸之外，直線運動的導引機構也必須自行設計，現在藉由運用與機械機構一體化的市售品，機構整體變得簡單，也能進一步縮短設計時間及降低成本。

（a）擺動式驅動器

擺動角為90°／180°／270°等

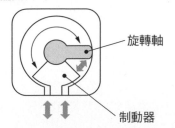

旋轉軸

制動器

（b）氣壓夾頭、氣壓夾手

汽缸機構

夾頭

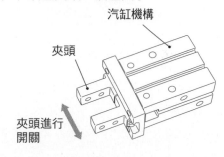

夾頭進行開關

（c）無桿汽缸

滑塊（左右移動）

減震器

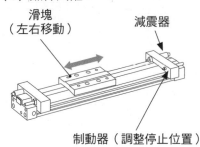

制動器（調整停止位置）

（d）附導桿汽缸

桿（前後移動）

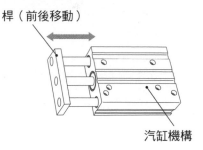

汽缸機構

圖5.12 各種汽缸

107

電磁閥

電磁閥（Solenoid valve）

對銅線捲成的中空線圈通電時會產生磁力，線圈中的鐵芯會被吸附；而停止通電時，鐵芯會回到原本的位置。螺線管就是利用這個原理，也是驅動器（動力源）的一種。電磁閥就是使用這個螺線管讓閥動作，來改變壓縮空氣的流動方向。汽缸的前進、後退適用電磁閥來切換。

電磁閥根據構造及功能的不同有許多種分類。這裡依序介紹「配管接口數」、「螺線管數」、「停止位置數」的分類。

用配管接口數來分類

電磁閥的配管接口稱為口，用口的個數分類，電磁閥有二口、三口、五口這3種規格。

二口電磁閥為二口規格，有導入壓縮空氣的進氣口及輸出壓縮空氣的出氣口。氣槍、吹塵槍中空氣的切換就是使用此類電磁閥。

三口電磁閥為三口規格，除了進氣口、出氣口外，還有從汽缸排氣的排氣口。單動氣壓缸、真空機就是使用三口電磁閥。

五口電磁閥有1個進氣口、2個出氣口、2個排氣口，共五口。雙動氣壓缸就是使用此類電磁閥。

圖5.13表示三口電磁閥及五口電磁閥中，螺線管通電及未通電時壓縮空氣個別的流動狀態。

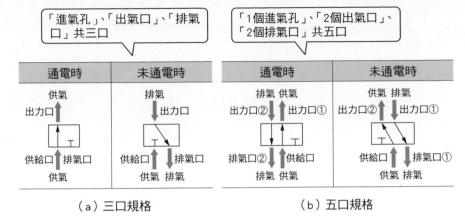

（a）三口規格　　　　　　　　（b）五口規格

圖5.13 三口規格及五口規格

用螺線管數來分類

　　使用1個螺線管的電磁閥為單螺線管，使用2個螺旋管為雙螺線管。因為停電或是突發狀況停止對螺線管的供電時，單螺線管會用內部彈簧的壓力讓螺線管回到原位。若汽缸在前進的狀態下，停止供電的瞬間汽缸會後退，所以根據周圍機械機構的構造可能會受到干涉，引發危險。

　　另一方面，雙螺線管的前進及後退都是用螺線管切換，所以停止供電時也能維持當時的狀態。換句話說，若汽缸在前進的狀態下，會持續前進。

用停止位置數量來分類

　　除了停止位置為前進及後退的二位電磁閥以外，還有能中間停止的三位電磁閥（圖5.14）。不過，雖說是中間停止，但並不是能夠正確地停止在任意位置上。用途是在想要緊急停止運作中的汽缸時使用。

目的是確保作業員的安全，以及迴避機械機構的干涉所造成的破損。

依據中間停止時壓縮的空氣狀態，可區分為汽缸二口皆受阻斷的「中封」、排氣的「中洩」，以及供氣的「中壓」3種類型。

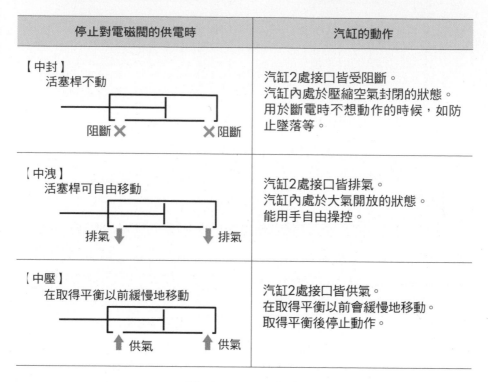

停止對電磁閥的供電時	汽缸的動作
【中封】 活塞桿不動 阻斷✕　　✕阻斷	汽缸2處接口皆受阻斷。 汽缸內處於壓縮空氣封閉的狀態。 用於斷電時不想動作的時候，如防止墜落等。
〔中洩〕 活塞桿可自由移動 排氣↓　　↓排氣	汽缸2處接口皆排氣。 汽缸內處於大氣開放的狀態。 能用手自由操控。
【中壓】 在取得平衡以前緩慢地移動 ↑供氣　　↑供氣	汽缸2處接口皆供氣。 在取得平衡以前會緩慢地移動。 取得平衡後停止動作。

圖5.14 三位電磁閥

如上所述，電磁閥有許多種類，一般大多使用「五口」、「單螺線管」、「二位」的規格。配管的使用範例後續再說明。

此外，「雙螺線管」或「三位」的規格不僅體積變大，價格也上漲，所以只有必要時才會使用。

空壓機的相關零件

消音器及歧管

從電磁閥排出的壓縮的空氣為高壓，所以直接排放至大氣中會產生爆音。因此會在電磁閥內安裝消音器這種零件。此外，要同時使用數個電磁閥時，會使用並列安裝的歧管。供給壓縮的空氣的配管及消音器能一同裝置於歧管上，非常方便。不過，數個電磁閥動作的時間點重疊時，會對空氣壓力、流量造成影響，所以選擇容量足夠的配管、消音器就顯得格外重要。

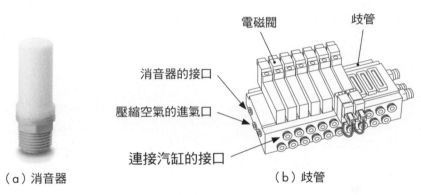

（a）消音器 （b）歧管

圖 5.15 消音器及歧管

速度控制器的構造

速度控制器用來調整汽缸動作的速度，實務上簡稱為調速器。調速器內空氣的通道有2條，1條為單側通行只能單一方向流動，另1條不管從哪個方向都能自由流動，但流量會因旋鈕的閉合狀態而有所限制（圖5.16）。

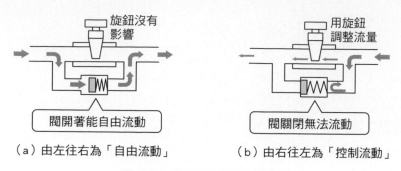

（a）由左往右為「自由流動」　　（b）由右往左為「控制流動」

圖5.16 速度控制器的構造

速度控制器的連接方式

調速器有2種連接方式：調整汽缸排氣量的「出口節流」以及調整汽缸供氣量的「入口節流」。這是由與汽缸連接時調速器的方向來決定。

出口節流時，汽缸的動作較順暢，調整也比較容易，所以雙動氣壓缸會用出口節流的方式配管。另一方面，單動氣壓缸則使用入口節流。與汽缸的距離愈短，回應性就愈好，所以理想狀態是將調速器直接安裝在汽缸的接口上。

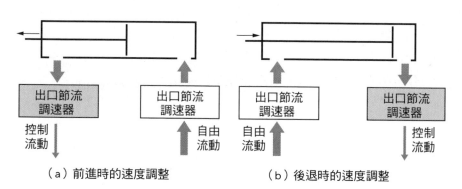

（a）前進時的速度調整　　　　　（b）後退時的速度調整

圖5.17 出口節流方式的速度調整

去除異物的空氣過濾器

　　向機械供給壓縮的空氣時，會先連接空氣過濾器。用壓縮機壓縮空氣的階段，以及透過配管輸送至機械的途中會混入細小的異物及水分。藉由空氣過濾器去除這些雜質，以防止對電磁閥、汽缸造成不好的影響。一般規格的過濾精度為5 μ m。此外，想要去除細小的灰塵時，可以用過濾精度0.3 μ m的油霧分離器或過濾精度0.01 μ m的微型油霧分離器，這些日本市面上皆有販售。

調節氣壓的調節器

　　調節器又稱減壓閥，是用來降低壓縮的空氣的壓力。因為壓縮機是設置於工廠內一處，再將空氣分送至各機械中，所以同時使用數台機械時，氣壓會下降，汽缸的輸出功率及速度受其影響而改變。因此，只要將機械進氣口的壓力設定稍微低一點，就能避免受到壓力變動的影響。

　　例如：壓縮機的壓力為0.6～0.7MPa時，機械的調節器就設定為0.5MPa。因為必須要使用調節器及空氣過濾器，日本市面上也因此有販售成套的機器組。

感測器及浮動接頭

　　汽缸是否如期動作，會使用安裝在汽缸本體中的感測器來確認。為了確認前進及後退，一般會使用2個感測器，而每個汽缸都會準備專用的感測器。

　　此外，汽缸的活塞桿前端與零件連接時，用來吸收軸心偏移的就是浮動接頭，與在第3章所介紹連接馬達軸的聯軸器具有同樣的效果。

配管接頭

連接汽缸與各機械時會使用配管接頭。流體流動時需要密閉性，會使用螺紋斜行的推拔螺紋。

螺紋的表示方式取開頭標示，推拔外螺紋為R，推拔內螺紋為Rc，接著標示其大小。大小的公稱很特別，從1／8開始依序稱為「1分」、「2分」、「3分」、「4分」、「6分」、「8分」，這是分母為8的時候分子的數字。「8分」在日語中的讀法很像英吋，但實際上1英吋為25.4mm，這裡並不符合。

接頭有L型、T型等各種形狀，為了提高密閉性，會在外螺紋上纏繞密封膠帶鎖緊。此外，與配管的連接會使用容易裝卸的單插接頭或快速接頭。

螺絲牙公稱 R外螺紋 Rc內螺紋	標稱	外螺紋「外徑」 內螺紋「底徑」 （mm）
R1/8 Rc1/8	1分	9.728
R1/4 Rc1/4	2分	13.157
R3/8 Rc3/8	3分	16.662
R1/2 Rc1/2	4分	20.995
R3/4 Rc3/4	6分	26.441
R1 Rc1	8分	33.249

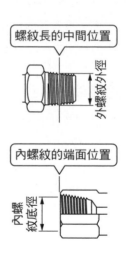

圖5.18 推拔螺紋的大小

配管

配管為聚胺酯及尼龍製，所以不易彎曲且容易引導至狹窄的地方。型錄中的配管徑是表示配管外徑，雖然汽缸的大小、動作速度上會要求最佳值，但一般都是靠經驗法則來決定。

市售品有很多種大小的外徑，如 $\phi4$、$\phi6$、$\phi8$、$\phi10$、$\phi12$、$\phi16$。壓縮的空氣的配管及真空的配管事先用不同顏色標示，就能方便辨識。

一般配管的範例

一般來說會使用雙動氣壓缸及「五口」、「單螺線管」、「二位」的電磁閥。雙螺線管或三位的電磁閥由於體積較大且價格高昂，所以只有在必要時才會使用。

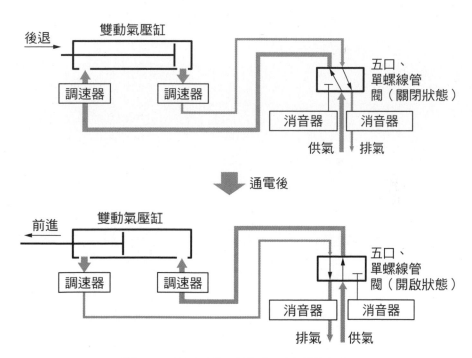

圖 5.19 汽缸及電磁閥的一般配管範例

真空機

真空的用途

　　要夾住細小的零件或薄板時，使用機械機構難以抓住，還有可能會出現彎曲或受損。此時，使用真空吸引就很方便。真空機的機構簡單，還能輕柔地維持固定。

真空機系統的構造

　　製造真空的真空幫浦設置在工廠內，將真空分配至各機械。此外，真空的使用量較多時，每個機械會設置各自的真空幫浦。

　　導入機械內的真空用「真空減壓閥」調整真空程度，真空的開關則用「電磁閥」來切換。真空吸引時也會吸入大氣中的灰塵、塵埃，這是導致電磁閥故障的原因，因此在電磁閥及真空吸盤間會安裝「真空用過濾器」。

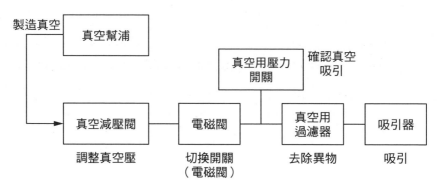

圖 5.20 真空機的系統

真空壓的單位

比大氣壓力小的壓力就是真空。真空與壓縮的空氣相同，分為以大氣壓力為基準的相對壓力與以絕對真空為基準的絕對壓力。通常會使用前者的相對壓力。

單位為「kPa」，完全真空為「-101.3kPa」。因為以大氣壓力為基準，所以會加上負的符號。

真空吸盤

真空的缺點是，吸引面只要出現些微的縫隙，真空壓會降低，吸引力就會消失。因此，日本市面上會販售吸引面採用高密封性橡膠的零件。有圓孔、長孔等各種形狀，也有販售具有緩衝功能的雙層式真空吸盤。

吸引物為薄板時，薄板可能被吸進吸引孔中，所以會改用吸附板，以數個細小的吸引孔來吸引薄板，而這種吸附板市面上也有販售。

三口電磁閥引發的真空破壞

關閉電磁閥時，真空必須恢復成大氣壓力，所以會使用三口電磁閥而不是二口電磁閥。

此時有幾點需要特別注意。吸引物本身若有一定程度的重量，關閉真空恢復成大氣壓力時，會自動與真空吸盤分離；但若為輕質物或薄板時，只是切斷真空還是會處於吸引未分離的狀態。此時，藉由在關閉真空的同時輕輕地流入壓縮空氣來強制分離，稱為真空破壞，如圖5.21的b圖所示。此時的空氣壓力只要有微風程度即可。

（a）只有真空的配管

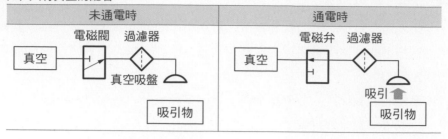

（b）真空＋壓縮空氣的配管（真空破壞）

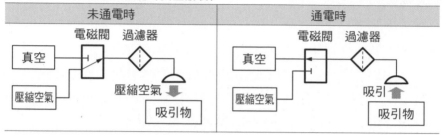

圖5.21 真空用的配管實際範例

真空用過濾器

　　一般空氣中浮游著的灰塵、塵埃比預想還多。此外，有時吸引物的表面也會有異物附著，若在這種狀態下真空吸引，異物會流入電磁閥，這是造成電磁閥故障或錯誤運作的原因。因此，需要在真空吸盤及電磁閥間設置真空用過濾器。可使用構造簡單的濾芯去除粉塵，過濾精度可選擇 5μm或10μm等等（圖5.22（a））。可以輕鬆交換濾芯。

數位式壓力開關

　　真空吸引是否成功，需要使用數位式壓力開關來確認（圖5.22的b圖）。圖5.12的氣壓夾頭是透過夾頭的開合程度來檢測維持的狀況，而真空吸盤因為不會產生變形，所以用檢測真空壓的變化來確認。吸引面只要有些許的縫隙，真空就會逐漸恢復成大氣壓力而無法吸引，所以只要真空吸盤內的壓力等同於設定的真空壓，就能確保它正在吸引。數位式壓力開關能輕鬆設定成檢測出來的真空壓，非常方便。

製造真空的真空噴射器

製造真空的方式除了使用真空幫浦，還能使用真空噴射器。真空的使用量較多時，會使用真空幫浦，但只有部分要使用時，用真空噴射器會非常方便（圖5.22（c））。

真空噴射器使用的原理是，將高速的壓縮空氣導入側面有孔的管內，接著側面孔周圍的空氣就會被吸引而產生真空（圖5.22（d））。換句話說，只要有壓縮空氣就能製造真空，體積也很小。不過，缺點是會一直伴隨很大的噪音及流量很少。

（a）真空用過濾器

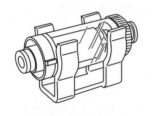

（b）數位式壓力開關

（c）真空噴射器

（d）真空噴射器的構造

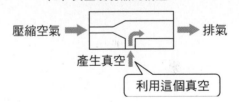

壓縮空氣 ➡ 　　　➡ 排氣

產生真空 ↑

利用這個真空

圖5.22 真空機

深入思考及勇於嘗試

生產製造中，「深入思考找出答案」及「總之先嘗試在現場找出答案」的區別很重要。機械設計為前者，作業改善為後者。假設現在要在平板上開數個孔，依序插入銷。這項作業由人來進行時，是將平板稍微傾斜會比較容易處理呢？假設有效的話，角度應該要用幾度好呢？這些在桌前不管怎麼想也找不出答案。但是，實際嘗試之後，很輕鬆就能找出答案。就算不順利，因為知道原因，也可以活用在下次的構想中。

另一方面，在機械設計中，搬運物的重量、運送速度、停止位置的精度、成本等都必須先在桌前檢討算出最佳值。總之先嘗試若行不通再更改，這種方式並不適合。製造完成後才說力矩不夠而需要換成轉速較大的馬達等等，這不僅是一個大工程，也徒費時間和金錢。

機械設計是在桌前思考時只要稍微感到不對勁，就不可能順利執行。不合理的地方一定會產生問題。就是因為這樣，在確信可行之前必須要在桌前深入思考。有時候也需要製造評價用的簡易零件來做事前測試。

歷經這些辛勞完成時的成就感及充實感是任何東西都無法取代的。

第 **6** 章

材料的性質

材料的機械性質

材料的3種性質

　　材料其實種類非常多。因此，閱讀材料的特性表掌握各材料的特徵，是習得材料知識的訣竅。材料的特性分別從「機械性質」、「物理性質」、「化學性質」的角度來看會比較好懂。

　　機械性質係指對外部作用力反應的性質；物理性質係指重量、對電、熱反應的性質；化學性質係指生鏽等化學反應的性質。因為用於機械的零件會要求堅固耐用，所以先從機械性質開始說明。

彈性、塑性、破裂

　　使用彈簧當例子來看當材料受外力作用時會產生什麼變化。固定彈簧單側，拉伸另一側讓它伸長，只要放手彈簧就會恢復。這種性質稱為「彈性」。

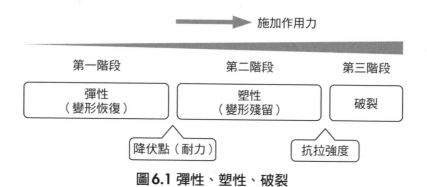

圖6.1 彈性、塑性、破裂

　　進一步拉伸時，伸長量會變大，但手放開後卻不會恢復。這種性質稱為「塑性」。再進一步拉伸後，就會「破裂」。換句話說，隨著所施加的作用力增加，會依序從彈性到塑性，最終破裂。

這是所有材料共通的性質，文具用品的迴紋針是使用彈性的產品，鋁製的煙灰缸是將薄板夾在模具中，利用塑性做成凹型狀。車床、銑床這類工具機是透過施加龐大的作用力使其破裂的方式來切削材料。如此這般善於利用各種材料的性質。

從剛度來看材料的強度

機械零件的材料原則是受力時不易變形，就算變形也能恢復。這就是「剛度」及「強度」。剛度表示難以變形的程度，強度則表示彈性範圍的寬度及難以破壞的程度。

剛度的變形量由鋼鐵材、鋁材、銅材這3大分類決定。也就是說，只要是鋼鐵材，不管是SS400這種便宜的碳鋼，還是鉻鉬鋼這種高價的合金鋼，其變形量皆相同。

這個變形的程度會用楊氏係數表示，楊氏係數的數值愈大，就代表愈難變形。例如：鋼鐵材的楊氏係數為$206 \times 10^3 \text{N} / \text{mm}^2$，鋁材為「$71 \times 10^3 \text{N} / \text{mm}^2$」，所以只要受到的外力相同，鋁材的變形量就會是鋼鐵材的3倍大。

拉伸的變形量

那麼再把材料的變形分成伸長量及撓度來看。受到拉力時的伸長量可用簡單的算式來計算。

伸長量＝（（作用力的大小／斷面積）× 原本的長度）／楊氏係數

要縮短伸長量，「減小所受的外力」、「增大斷面積」、「縮短長度」、「選擇楊氏係數較大的材料」是關鍵（圖6.2（a））。

撓度

接著，來看材料受側向力作用時產生的撓度。計算式根據維持方式及受力方式會有所不同，來看單側固定，另一側前端受力時的撓度。

撓度＝（作用力的大小 ×（長度的3次方））／（3 × 斷面二次矩 × 楊氏係數）

斷面二次矩這項係數表示斷面形狀難以變形的程度。要縮小撓度，關鍵在於用「較小的外力」、「較短的長度」、「斷面二次矩較大的斷面形狀」、「楊氏係數較大的材料」來設計（圖6.2（b））。

（a）伸長量的計算式

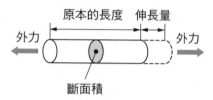

$$伸長量 = \underbrace{\frac{作用力的大小}{斷面積} \times 原本的長度}_{由設計決定的數值} \times \underbrace{\frac{1}{楊氏係數}}_{由材料決定的數值}$$

（b）撓度的計算式

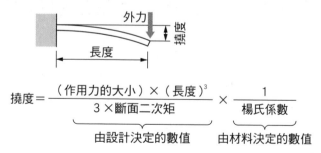

$$撓度 = \underbrace{\frac{（作用力的大小）\times（長度）^3}{3 \times 斷面二次矩}}_{由設計決定的數值} \times \underbrace{\frac{1}{楊氏係數}}_{由材料決定的數值}$$

圖6.2 變形量的計算式

由斷面形狀決定斷面二次力矩

那麼，一起來看撓度隨著斷面形狀會如何改變。斷面若為矩形，斷面二次矩斷＝（寬度×（高度的3次方））／12。這裡假設有一塊厚度2mm×50mm的板子。這塊板子以寬度50mm、高度2mm的方向擺放，其斷面二次矩為50mm×（2mm的3次方）／12≒33.3mm^4。

若將方向改為寬度2mm、高度50mm，其斷面二次矩為2mm×（50mm的3次方）／12≒20833mm^4，約莫是625倍。這代表就算斷面形狀相同，只要改變受力方向，就能讓撓度變成625分之1。由於高度計算是3次方，所以若要像這樣減少撓度，增加高度遠比增加寬度更有效。

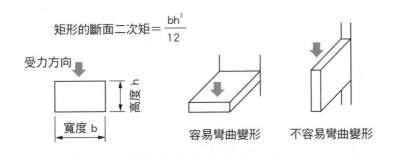

$$矩形的斷面二次矩 = \frac{bh^3}{12}$$

受力方向　高度 h　寬度 b

容易彎曲變形　不容易彎曲變形

圖6.3 矩形的斷面二次矩

斷面形狀	斷面二次矩	斷面形狀	斷面二次矩
b, h	$\dfrac{bh^3}{12}$	ϕd	$\dfrac{\pi}{64} d^4$
h_1, b_1, h_2, b_2	$\dfrac{1}{12}\left(b_2 h_2{}^3\, b_1 h_1{}^3\right)$	內徑 ϕd_1 外徑 ϕd_2	$\dfrac{\pi}{64}\left(d_2{}^4\, d_1{}^4\right)$

圖6.4 不同形狀的斷面二次矩

實務上講究斷面形狀

從前面的說明可以知道，若要減少變形量，與其選擇不同材料，改變斷面形狀設計會比較有效（圖6.4）。

機械零件大多使用鋼鐵材或鋁材。鋁材雖然剛度低、價格高昂，但是非常輕。透過活用輕質的優勢並改變斷面形狀設計，可以顯著地增強剛度。此外，使用鋼鐵材時也能以更小的體積來應對。

在彈性範圍內使用

看完表示難以變形程度的「剛度」，接著來看「強度」。材料特性表有記載「降伏點」及「抗拉強度」的數值。降伏點是指彈性到塑性時的作用力大小，而抗拉強度是指破裂時的作用力大小。換句話說，施加降伏點大小的作用力時，變形會恢復原狀，施加抗拉強度大小的作用力時會破裂（圖6.1）。

基本上機械零件需要在彈性範圍內使用，也就是在降伏點以下的強度使用。

不需要檢驗降伏點

那麼，這裡來看降伏點的使用。通用鋼鐵材SS400的降伏點為245 N／mm^2。牛頓N要換算成kg表示時，除以9.8即可，為25 kgf／mm^2。接著，1平方毫米可能難以想像，所以換算成1平方公分，約為100倍， 2500 kgf／cm^2。2500kgf約是2台輕型車的重量。一般使用的機械很少會對1平方公分施加如此龐大的作用力。

因此，設計時不需要每次檢驗降伏點。不過，需要龐大作用力的建設機械、電梯的鋼索等關乎人命的部分，還是需要檢驗並考量安全係數。

圖6.5表示主要金屬材料的強度。

分類	品種牌號	剛度	強度	
		楊氏係數 $\times 10^3 N/mm^2$	降伏點（耐力） N/mm^2	抗拉強度 N/mm^2
鋼鐵材	SS400	206	245	400
鋁材合金	A5052	71	215	260
銅合金	C2600	103	—	355

圖6.5 主要材料的強度

硬度及韌性強度

目前為止看完了材料的「強度」，機械性質裡還有「硬度」及「韌性」。

硬度表示材料表面抵抗力，壓在試驗片上的傷痕大小以硬度這個指標數值化。韌性表示對衝擊的抵抗力，它的反面就是脆弱性。

然而，強度和硬度雖是成正比，但韌性卻是反比。換句話說，不管是任何材料，愈強愈硬時就愈脆弱。因此，若要有硬度又有韌性，需要使用熱處理的「淬火・回火」，這部分後面會再介紹。

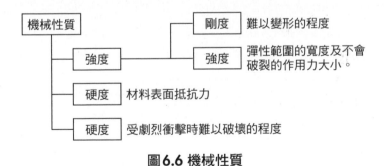

圖6.6 機械性質

材料的物理性質及化學性質

表示重量的密度

重量以「密度」來表示。基準為1g／cm^3的水、鋼鐵材為7.87 g／cm^3、鋁材為2.70g／cm^3。在相同大小的狀況下，鋁材的重量為鋼鐵材的3分之1。將數值用鋼鐵材為7.9g／cm^3、鋁材為其3分之1重來記憶會很方便。

此外，「比重」是以水為基準表示其比例，雖然數值與密度相同，但單位不一樣。題外話，1日圓硬幣的鋁剛好為1g。

表示熱膨脹的線膨脹係數

材料加熱後會膨脹。鐵路軌道接合處的縫隙就是考量到炎熱夏日所引起的熱膨脹。熱量有「伸縮量」及「傳導速率」這2個面向。

首先來看前者。線膨脹係數表示伸縮的程度，這項係數愈大代表該材料愈容易伸縮變形。

伸縮量＝線膨脹係數×原本的長度×上升的溫度（圖6.7）

鋼鐵材的線膨脹係數為11.8× 10^{-6}／° C，鋁材為23.5× 10^{-6}／° C，鋁材的伸縮量為鋼鐵材的2倍。

另一方面，塑膠材的聚乙烯，其線膨脹係數為180× 10^{-6}／° C，可比金屬材料伸長10倍以上。換句話說，塑膠材需要高精度的尺寸公差時，若沒考量到使用環境的溫度就失去了意義。此外，設計圖上所指示的尺寸公差為JIS規格，規定其保證值為20° C。

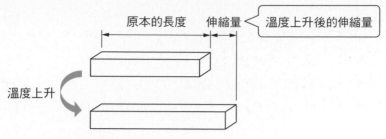

原本的長度　伸縮量　溫度上升後的伸縮量

溫度上升

伸縮量＝線膨脹係數×原本的長度×上升的溫度

圖6.7 線膨脹係數

表示熱傳導速度的熱傳導率

　　熱從高溫區域向低溫區域傳遞的現象稱為熱傳導，而表示這個傳導速度的是「熱傳導率」，這項數值愈大就代表該材料愈容易傳導熱。

　　鋼鐵材的熱傳導率為80W／（ｍｋ），鋁材為237W／（ｍｋ），所以可以知道鋁材比鋼鐵材容易傳導熱，約是其3倍。想要放熱時選擇使用熱傳導率高的材料，想保溫時則使用熱傳導率低的材料。市售的隔熱材料、保麗龍的熱傳導率約為0.03～0.05 W／（ｍｋ），小了3位數，所以常當做運送生鮮食品用的冷凍箱來使用。

表示電子流動容易程度的導電率

　　用導電率來表示電子流動容易的程度。導電率的數值愈大，就代表電流愈容易流動。

　　主要材料的導電率數值由低（難以流動）向高排序如下：鐵→鋁→金→銅→銀。電線方面考量到成本，主要使用銅或鋁。

　　下一頁的圖6.8表示主要材料的物理性質。

分類	材料的種類	密度	線膨脹係數	熱傳導率	導電率
		g/cm^3	$\times 10^6/°C$	W/(m K)	$\times 10^6$S/m
金屬	鐵	7.87	11.8	80	9.9
	鋁	2.70	23.5	237	37.4
	銅	8.92	18.3	398	59.0
非金屬	聚乙烯	0.96	180	約0.4	不流動
	混凝土	2.4	7～13	約1	不流動
	玻璃	2.5	9	約1	不流動
數值愈大		愈重	愈容易膨脹	愈容易傳導熱	電子愈容易流動

圖6.8 主要材料的物理性質

良性的黑鏽及惡性的紅鏽

鏽是金屬與水和氧氣反應所產生。普遍認為鏽是強大的敵人，可區分為黑鏽及紅鏽2種。良性黑鏽（Fe_3O_4）的皮膜非常細膩，所以一旦覆蓋在材料表面上，之後水分和氧氣就無法通過，因此能達到保護材料的效果。另一方面，惡性紅鏽（Fe_2O_3）的皮膜因為有很多間隙，水分和氧氣從中進入不斷地侵蝕材料。

若全部都是黑鏽就很好，可惜的是黑鏽不會自然產生，只有在鋼鐵廠融化鐵後的冷卻階段，以及進行染黑這項表面處理時才會產生。市售的鋼鐵材中所謂的「黑皮材」就是指表面形成黑鏽的材料。

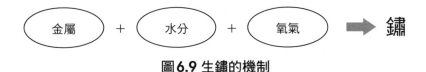

圖6.9 生鏽的機制

材料的主要特徵

掌握材料的全貌

　　材料大致可區分為「金屬材料」、「非金屬材料」、「特殊材料」。金屬材料有鋼鐵、鋁、銅等；非金屬材料則有塑膠、陶瓷、橡膠等。特殊材料有廠商用獨家技術所開發的功能材料，或是2種以上不同材料組合而成的複合材料，如在塑膠中加入纖維提升強度的纖維強化塑膠等。

　　這些眾多的材料當中，鋼鐵材最頻繁使用於機械零件中。這是因為鋼鐵材「強度很強」、「便宜」、「容易購入」、「也容易加工」、「能透過加熱改變性質」。

碳鋼、合金鋼、鑄鐵

　　鋼鐵材分為「碳鋼」、「合金鋼」、「鑄鐵」。SS400、S45C等碳鋼為最常使用的通用材料，形狀及尺寸種類豐富齊全，各家材料商皆有供應，可立即取得。

　　接著，不鏽鋼、鉻鉬鋼等合金鋼是透過在碳鋼中添加鉻、鎳、鉬等，來獲取良好的強度或化學性質。合金鋼雖然有以上優秀的特性，但因為價格高昂，所以在無法用碳鋼解決時才會使用。

　　最後，鑄鐵為鑄物的材料。剛剛的碳鋼及合金鋼是透過切削、衝壓加工塑形，鑄鐵則是加熱熔化後倒入模具內塑形。冷卻後一瞬間就能成形，所以加工效率高，適合大量生產。

含碳量

　　對鋼鐵材的性質影響最大的就是含鐵量。含鐵量100%的純鐵因為太軟無法實際運用。因此，透過添加碳來控制其硬度，含碳量愈多硬度就愈高。依照含碳量來分類，0至0.02%為「純鐵」、0.02至0.3%為「軟鋼」、0.3至2.1%為「硬鋼」、2.1至6.7%為「鑄鐵」。因為純鐵無法使用，從軟鋼開始才可實用。

JIS 規格的種類設定

　　那麼，實務上所使用的碳鋼，其含碳量位在哪個範圍呢？從含碳量少的開始依序說明（圖6.10）。

　　首先，含碳料量的設定上，SPC材（SPCC等）為0.1％以下、SS材（SS400等）為0.1％～0.3％、S-C材（S45C等）為0.1％～0.6％、SK材（SK95等）為0.6～1.5％，最後鑄鐵FC材（FC250等）為2.1～4％。

　　令人感到不可思議的是，S-C材0.1％～0.3％的含碳量與SS材重疊了。這是因為進行滲碳淬火這種熱處理時，會使用這個範圍的S-C材，通常使用S-C材是採用0.3％～0.6％這個範圍。

　　接下來一起來看看代表性的碳鋼特徵。

SPCC（冷間壓延鋼材）

　　3.2mm以內的薄板會使用SPCC。表面光滑平整，也有很多種厚度樣式。含碳量在0.1%以下，為柔軟的材料，所以適合用於安裝外側板或感測器的支架上。能以平板的狀態使用，也可彎曲後使用。

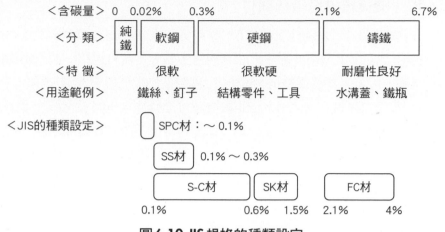

圖6.10 JIS規格的種類設定

SS400（一般結構用壓延鋼材）

　　SS400是最常使用的鋼鐵材，價格便宜，有鋼板、棒材、結構鋼等，各種形狀、尺寸都很齊全。SS400的400是表示抗拉強度為400 N／mm²的意思，以前的設計圖上是用SS41來表示，當時使用的單位是kgf／mm²，而現在則是41kgf／mm² × 9.8 ≒ 400 N／mm²。

　　因為表面的狀態很好，所以盡可能表面保持原樣使用。雖然材料內部的作用力（內部應力）方向和大小都不一致，但卻能呈現平衡的狀態。可是，若切削表面，這個平衡就會瓦解，出現翹曲變形。這個內部應力肉眼無法看見，並且每種材料的狀況都不同，所以不切削的話就無法確認，是非常麻煩的地方。

　　因此，SS400用於不需要大幅切削表面的零件，若要大幅切削表面時會考慮使用市售的退火材料（燒鈍材料）或是稍後要介紹的S45C。SS400雖然適用於熔接，但由於含碳量太少進行淬火·回火沒什麼效果，這部分在後面的熱處理會再詳細解說。

S45C（機械結構用碳鋼鋼材）

　　S45C是僅次於SS400最常使用的材料。S45C的45是指含碳量為0.45％的意思，含碳量比SS400還多，在JIS規格中有規定成分規格，因此價格比SS400貴1至2成。規格從S10C到S58C，實務上最常使用S45C及S50C。

　　通常是原材料直接使用，但是必要時可進行淬火‧回火。另一方面，熔接後有可能因為冷卻而出現裂縫，或因為熔接熱產生熔渣而變硬，因此熔接品會盡可能使用SS400。

SK95（碳工具鋼鋼材）

　　SK95為含碳量095％的材料。在舊JIS規格中以SK4來表示。很硬且耐磨，適用於承受摩擦或衝擊的零件。

　　另一方面，日文名稱是工具鋼，但由於SK材在高溫下硬度會降低，所以實際上不會當做工具來使用。日本市面上大部分販售的工具是使用合金鋼的高速度工具鋼或超硬合金。

不鏽鋼（SUS材）

　　合金鋼中，生活裡最常使用的就是不鏽鋼。不鏽鋼是在鐵中添加12％以上的鉻，藉由在表面形成一層細密的氧化鉻薄膜來保護母材。薄膜厚度為100萬分之1mm，非常地薄，但就算膜受傷破損還是能瞬間再生，這是它最大的特徵。另一方面，加工性及熔接性都很差。

　　不鏽鋼的種類依照Cr（鉻）及Ni（鎳）的含量區分成3大類。從含量最多的開始介紹，依序為Cr18％及Ni8％的「18-8不鏽鋼」、Cr18％的「18Cr不鏽鋼」、Cr13％的「13Cr不鏽鋼」。含量愈高就愈昂貴，所以像18-8不鏽鋼（SUS304）就比較貴、18Cr不鏽鋼（SUS430等）的價格一般，而13Cr不鏽鋼（SUS440C等）則比較便宜。

　　不鏽鋼的代表是SUS304，特點是不具磁性不會被磁鐵吸附。生活中常用於廚房的洗滌台，而同樣是18-8不鏽鋼的SUS303則為提升加工性的材料。

FC250（灰口鑄鐵）

FC250的250是表示抗拉強度為250 N／mm^{2}的意思。雖然數值比SS400的400 N／mm^{2}低，但其抗壓強度是抗拉強度的3～4倍，所以鑄鐵用於機械零件時會以抗壓方式來設計。此外，強度較高的鑄鐵為FCD（球狀石墨鑄鐵）。

鋁材

鋁材有很多是鋼鐵材「3倍」的性質，重量為鋼鐵材的3分之1、楊氏係數也是鋼鐵材的3分之1，所以撓度就是3倍。熱傳導率也同樣是3倍。

鋁材雖然強度比鋼鐵材弱，但超杜拉鋁A7075的抗拉強度為570 N／mm^2，超過SS400的強度。

切削的阻力小、熱傳導率高，所以切削熱容易消散，具有良好的加工性。此外，與不鏽鋼一樣會在表面形成一層氧化薄膜，具有優良的耐蝕性。沒有磁性、外表好看也是其特徵之一。

另一方面，因為容易散熱、表面容易氧化，所以熔接性很差。在高溫下強度會降低，所以需要在200℃以下使用。A5052、A6063常用於機械零件中。

淬火・回火

材料愈「硬」就愈「脆弱」，其性質改變成又「硬」又「堅韌」的方式就是淬火・回火。用淬火加強硬度，用回火提高韌性。含碳量0.3%以上就會出現效果，含碳量愈高就愈硬。SS400的含碳量為0.3%以下，所以淬火沒有什麼效果。

此外，0.6%的含碳量為提升硬度的上限，含碳量0.6%以上的SK材（SK95等）會進一步提升耐磨性。

退火和正火

退火又稱為燒鈍。「完全退火」是指將因冷加工等加工硬化變硬的材料變軟，提升其加工性。不只是鋼鐵材，銅材也能進行熱處理。

此外，潛藏於材料內部的應力與加工時的翹曲、加工後歷經的時間，是引起變形的原因。「去應力退火」是去除這個內部應力的方式。

正火是將因軋製、鑄造、鍛造等加工變形的金屬組織均一化，恢復到不硬也不軟的標準狀態。

高周波淬火

相對於加強表面與內部硬度、韌性的淬火・回火，高周波淬火與下一個要介紹的滲碳淬火是只加強表面硬度、韌性的處理方式。目的是形成兩層硬度的構造。藉由提升表面硬度，內部仍保持柔軟，得以提升耐衝擊性及耐磨性。配合零件形狀的捲線圈，流入高周波電流，藉此只針對必要的地方進行熱處理。適合用在軸與齒輪的淬火。

滲碳淬火

在含碳量0.3%以下的S20等表面進行浸漬碳處理後，表面的含碳量會提升至0.8%左右。在這個狀態下進行淬火・回火，藉此形成表面硬梆梆、內部柔軟的雙層構造。

柏青哥的小鋼珠透過滲碳淬火來吸收衝擊，防止破裂。

何謂表面處理

材料表面形成薄膜的方式有「塗裝」和「電鍍」。塗裝是使用樹脂材料、電鍍則是使用金屬材料，兩者的目的都是防鏽及提升裝飾性。

塗裝很便宜，但膜厚差異很大，適用於機械中不要求膜厚精度的底座或面板。另一方面，電鍍的膜厚精度良好，所以適用於機械零件。

鋼材電鍍

① 染黑：防鏽

靠化學反應鍍上良性黑鏽的處理方式。膜厚為1μm很薄，適合用來處理高精度零件。價格很便宜，但與其他電鍍相比防鏽效果較差。

② 鉻酸鹽：防鏽

鍍鋅後鍍上鉻酸鹽薄膜的處理方式。很難控制膜厚，所以不適合高精度零件。光澤鉻酸鹽（Uni-chro）、有色鉻酸鹽、黑鉻酸鹽這3種六價鉻酸鹽，因為價格便宜被廣泛使用，但現在基於安全面的考量改用三價鉻酸鹽。

③無電解鍍鎳：防鏽

靠化學反應形成一層鎳薄膜，膜厚可以1μm單位指定，所以適用於高精度零件。常用厚度為3～10μm。

④鍍硬鉻

因為形成一層鉻薄膜，硬度提升並具有優良的耐磨性及耐蝕性。可以指定膜厚，常用厚度為5～30μm。

⑤氟樹脂含浸無電解鍍鎳

以無電解鎳為基礎，複合氟樹脂的表面處理方式，具有優良的耐磨性、潤滑性、抗沾黏性，表面光滑且堅硬。常用厚度為10～15μm，品牌「NEDOX ®」最廣為人知。

鋁材電鍍

鋁材電鍍需要特別注意膜厚。鋼鐵材的電鍍厚度是直接加上材料尺寸來計算，但鋁材電鍍的膜厚一半會侵蝕鋁材，所以尺寸只會增加膜厚的一半。例如：膜厚10μm時，尺寸只會增加膜厚的一半5μm。

① 陽極處理

目的為形成氧化薄膜以提升耐蝕性。因為是透明的薄膜，所以會直接映照出鋁材的顏色。常用厚度為15μm。

② 硬質陽極處理

追求硬度及耐磨性時會進行硬質陽極處理。常用厚度為20～50μm。

③ 氟樹脂塗層

是硬質陽極處理複合氟樹脂的薄膜，品牌「TUFRAM ®」最廣為人知。具有提高耐磨性、滑動性，適用於防止磨損的特徵。常用厚度為30～50μm。

高精度的電鍍方式

　　前面所述的電鍍為一般所使用的濕式表面處理，乾式表面處理則是用來處理高價、薄膜很薄、精度高的電鍍方式。藉由加熱、蒸發金屬使目標物的表面上形成薄膜。膜厚可以為數 μm以下。

　　高精度的電鍍方式有蒸鍍、濺鍍、物理蒸鍍。

防止生鏽的方式

　　本章的最後來統整防止生鏽的主要方式：

① 使用受氧化薄膜保護的不鏽鋼、鋁。

② 塗抹油、潤滑脂等防鏽劑（必須確保安全）。

③ 塗裝。

④ 電鍍。

⑤ 真空包裝。

⑥ 在難以生鏽的環境下使用。

　　（避開溼度低、鹽度高的沿岸部）

彌補CAD的弱點

　　以前和現在的設計方式有很大的改變，最大的變化是CAD的出現。以前雖然需要在製圖板上貼方格紙再用鉛筆作畫，但手繪還是有很大的好處。製圖板上的圖面所有人都看得到，所以新人可以直接看到前輩繪圖的樣子。從哪裡開始畫線、繪畫的速度如何一看就知道了；而前輩們用看的就能知道新人在煩惱什麼地方，並給出適當的建議。

　　但是，若是使用CAD就無法共享這些資訊。第三者無法看到CAD的螢幕，而且大小也非原尺寸，所以無法親身感受去掌握，這是CAD的缺點。不過，CAD最大的優勢在於製圖效率。只要畫好設計圖，就能輕鬆地發展成零件圖、組裝圖。製圖板在完成設計圖後，需要再從頭開始描繪零件圖與組裝圖，跟CAD有著天壤之別。

　　因此，將CAD的優勢發揮到極致，同時彌補它的缺點是最重要的。首先，在製作設計圖時，「印刷成原尺寸大小，放在桌上好好觀察」，藉此找回原尺寸的感覺。此外，「印刷後的圖面拿去請前輩幫忙看，獲取建議」。聽取他人的意見不是可恥的事情。在完成以前不斷重複上述程序，藉此提升圖面的品質，也能夠習得設計的技能。

第 **7** 章

機械加工的關鍵

根據車刀的接觸方式可區分成外徑加工、溝槽加工、端面加工、鑽孔加工（孔加工）、內徑加工、內螺紋加工、外螺紋加工，每種加工都使用各自專用的車刀。加工精度的參考基準如下：尺寸精度「±0.02」、表面粗糙度「Ra1.6（▽▽▽）」。

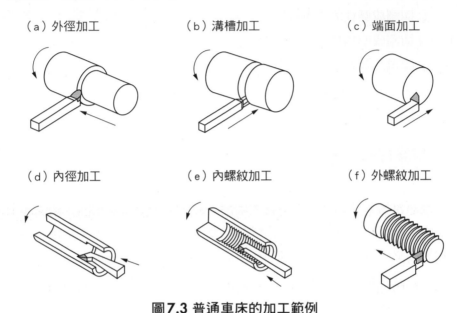

（a）外徑加工　　　　（b）溝槽加工　　　　（c）端面加工

（d）內徑加工　　　　（e）內螺紋加工　　　（f）外螺紋加工

圖7.3 普通車床的加工範例

圓柱是加工效率最好的形狀

想要「按照圖面」、「低成本」且「迅速地」加工，縮減加工本身工序是最好的方法。那麼，一起來思考最理想的形狀。四角柱有6個面，圓柱則是外周及兩個端面共3個面。圓柱的面積數是四角柱的一半，所以加工效率壓倒性地好。另一方面，圓柱藉由配合市售尺寸可以進一步減少加工的面積數。

另一個圓柱的優勢，是能製造複數個同樣的東西。用車床加工拉長材料，若從右端面開始按照規定的尺寸切斷，就能連續製造出同樣的東西。

切割成四角柱的銑削加工

銑削加工結構與車床大不相同，工具僅靠旋轉就能讓工件前後、左右、上下移動切割成四角柱。銑床有許多種類，標準的立式銑床、旋轉軸橫向的橫式銑床、自動化的NC銑床、無人化加工中心機。

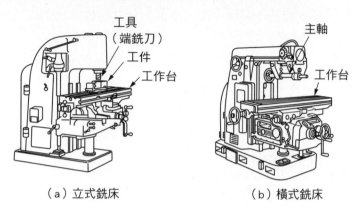

（a）立式銑床 　　　　　　　　　（b）橫式銑床

圖7.4 銑床的種類

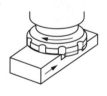
（a）平面加工

（b）側面加工

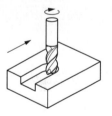
（c）溝槽加工

（d）分切加工

（e）鑽孔加工

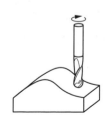
（f）曲面加工

圖7.5 銑床的加工範例

銑削加工的有許多種方法，如平面加工、側面加工、溝槽加工、分切加工、鑽孔加工、曲面加工（圖7.5）。眾所皆知銑床所使用的工具是端銑刀，側面及底面都是刀刃。此外，切削廣大面積時使用的工具是面銑刀，狹窄的溝槽加工時則使用螺旋槽銑刀或鋸割銑刀。

加工精度的參考基準與車床加工相同，尺寸精度「±0.02」、表面粗糙度「Ra1.6（▽▽▽）」。

開鑽孔及螺絲孔的鑽孔加工

鑽孔加工的目的是製作固定用的螺絲孔、軸間的嵌合孔、避免與其他零件互相干涉的逃孔等等。鑽孔加工不需要高精度加工，將工件固定在鑽床的床台上，藉由用手旋轉把手，讓旋轉中的鑽頭上下移動來進行加工。

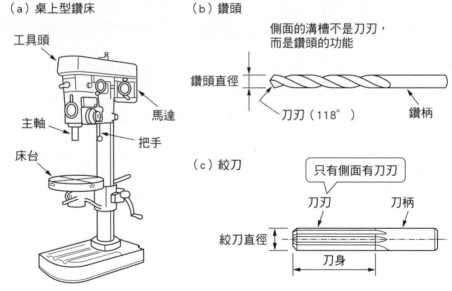

（a）桌上型鑽床

工具頭
主軸
床台
馬達
把手

（b）鑽頭

側面的溝槽不是刀刃，而是鑽頭的功能

鑽頭直徑

刀刃（118°）　鑽柄

（c）絞刀

只有側面有刀刃

刀刃　刀柄

絞刀直徑

刀身

圖 7.6 鑽床與工具

何謂鑽孔

用鑽頭開的孔稱為「鑽孔」。若為盲孔，孔的底部會殘留鑽頭前端118°的刀刃形狀。孔徑的精度為「鑽頭直徑±0.02」、表面粗糙度「Ra1.6（▽▽▽）」。

鑽孔主要用於加工螺絲孔。雖然加工精度不好，但能用最低的成本開孔（圖7.7（a））。

何謂沉頭孔

鑽孔加工後再追加更大的開孔就稱為「沉頭孔」。根據孔的深度區分為2種，「沉頭孔」深度約為1mm，目的是整平鑄件等粗糙的材料表面。「深沉頭孔」加工是為了讓內六角孔螺栓的螺絲頭沉到表面下，會用比螺絲頭的直徑及深度大的尺寸來加工（圖7.7（c）及（d））

（a）鑽孔

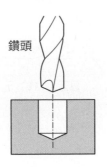

鑽頭

（b）錐孔

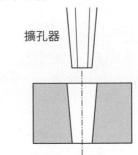

擴孔器

（c）沉頭孔

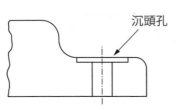

沉頭孔

（d）深沉頭孔

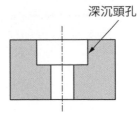

深沉頭孔

圖7.7 鑽孔加工的範例

何謂鉸孔

想要高尺寸精度的孔時，在用鑽頭開完鑽孔後，會再用鉸刀加工（圖7.6（c））。最常使用的H7公差嵌合孔就是使用鉸刀加工而成。此外，要加工帶有角度的錐孔時，會使用擴孔器（圖7.7（b））。不管是哪種鉸刀都只有側面是刀刃。鉸刀加工會使用鑽床，再手工加工。

內螺紋加工

用鑽頭開完鑽孔後，用稱為攻牙器的工具加工螺旋狀的內螺紋。螺紋加工會準備3種攻牙器，前端攻擊部分依長度排序為最長的1號攻牙器、2號攻牙器及最短的3號攻牙器。實際的作業流程中，為了縮短時間，有時候只會用2號攻牙器。

內螺紋的內徑由鑽孔加工所使用的鑽頭直徑來決定，底徑則由攻牙器的外徑來決定。

用砂輪加工的研磨加工

用來磨菜刀的磨刀石、用來打磨材料表面的砂紙都是研磨加工的工具。用非常細小且堅硬的磨料邊刮材料的表面邊削磨，因此具有以下的特徵：

① 加工成非常光滑的平面。

② 能以高尺寸精度加工。

③ 超硬合金或是淬火後很硬的狀態也能加工。

④ 不過加工餘量很少，加工花費的時間較長。

研磨加工是在車床加工、銑削加工，或是淬火後最後進行的加工。

研削加工的種類

研磨加工區分為由磨料黏合的砂輪來切削的「研削加工」，以及直接用磨料切削的「研磨加工」。研削加工根據研削面可區分為平面研削、外圓研削、內圓研削，使用個別專用的磨床及砂輪。此外，精密的研削加工有研磨及高精研磨等。

使用磨料的研磨加工可區分為滾筒磨光、擦光、研光、噴砂。身邊常見的牙膏也是研磨加工的磨料。

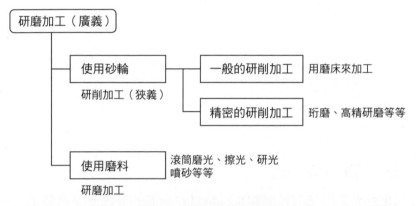

圖7.8 研磨加工的種類

精加工成完整平面的鏟花

無比完整的平面是用工具機平面加工後，再用手工方式做最後的加工。塗抹紅色的面與未塗抹的面相互摩擦，表面凹陷的部分顏色會殘留，顏色會轉移到凸起的部分。染到顏色的部分用刮刀以微米單位切削成鱗片狀，藉此加工成平面。這種加工法就稱為「鏟花」。不過，因為是透過2個面摩擦，也有可能是曲面和曲面所產生的密合，所以藉由準備3個面交互成對使用，進而加工成近乎完整的平面。

利用模具塑形的成形加工

成形加工的分類及特徵

模具、鑄型等使用模具的加工法稱為成形加工。加工精度雖然不高，但能一次成型所以很適合用於大量生產。

成形加工有以下幾種：

① 用模具來沖壓、彎曲的「板金加工」。

② 將熔融金屬倒入鑄模內的「鑄造」。

③ 將熔融塑膠倒入模具內的「射出成型」。

④ 靠強大外力打擊使其變形的「鍛造」。

⑤ 用旋轉中的滾輪夾住來塑形的「壓延加工」。

⑥ 通過出模口來成型的「擠出加工」及「抽出加工」。

板金的剪力加工及彎曲加工

金屬薄板稱為板金，將這塊板金夾在模具間沖壓、彎曲的工程就是板金加工，又稱為沖壓加工。因為是用高速沖壓，所以適合用於大量生產。機械中多用於安裝板子或零件的支架上。

如剪刀一般用兩片刀刃夾住切斷的加工法就是剪力加工，沖床機則是靠上模板及下模板沖壓（圖7.9（a））。

在板金的彎曲加工中，因為金屬具有彈回現象，彎曲後會稍微彈回，所以想要彎曲直角時，需要彎曲比直角還深的角度（圖7.9（b））。此外，彎曲的內側一定有圓弧。這個最小彎曲半徑的基準是板子的厚度。例如：板子厚度為2mm，彎曲半徑也會是2mm。

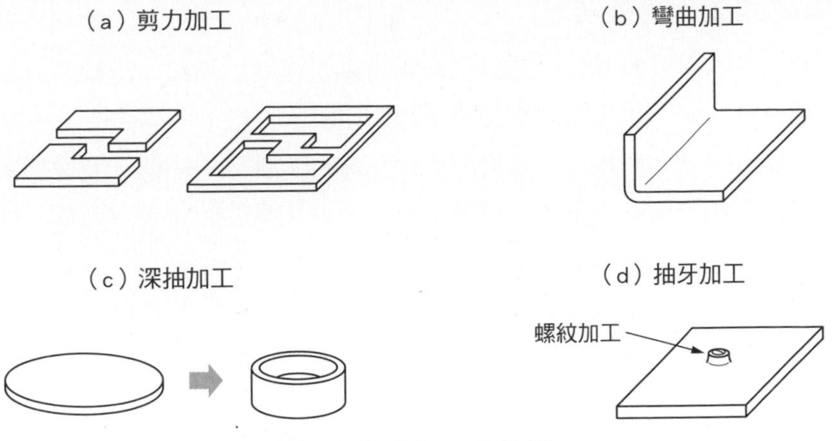

（a）剪力加工　　　　　　　　　　　　（b）彎曲加工

（c）深抽加工　　　　　　　　　　　　（d）抽牙加工

螺紋加工

圖7.9 板金加工的種類

板金的深抽加工及抽牙加工

　　深抽加工為了讓板子成立體形狀，會使用SPCD、SPCE、鋁材等又軟又容易延展的材料（圖7.9（c））。

　　抽牙加工是在金屬薄板上加工螺紋（圖7.9（d））。螺紋至少需要與螺絲大徑等長，但板金厚度若很薄，會在鑽孔上打入專用的沖頭，藉由將孔延展成凸狀來確保螺紋深度，是非常獨特的加工法。例如：厚度2mm的板金可以加工M4的螺紋。除了上述的方法外可在金屬薄板上加工螺紋，還有使用嵌入式螺帽、熔接螺帽的方法。

先熔解再成型的鑄造特徵

　　即使是複雜的形狀，只要將熔融金屬倒入鑄模內就能一次成型，這是「鑄造」的特徵。不會浪費材料，又非常有效率，是非常適合大量生產的加工法。另一方面，因為很難做到高尺寸精度、表面粗糙度光滑，所以必要時會在鑄造後切削加工。鑄造所使用的模具稱為鑄模，完成品稱為鑄件。

砂模鑄造法及壓鑄法

　　倒入的材料若為鋼材，鑄模則使用含碳量較高的鑄鐵。鑄鐵不僅很硬且耐磨耗性良好，也可吸收震動，所以常用於工具機的底座。

　　若倒入材料為鑄鐵時，鑄模無法使用鋼材來製造。因此，會使用耐熱性優越的砂模，所以稱為「砂模鑄造法」。取出鑄件時會破壞鑄模，所以模具每次使用完就會丟棄。

　　若為鋼材以外的材料，如鋁、銅等熔點低的材料，鑄模就可以用鋼材製造，因此模具能夠重複使用，這種方法稱為「壓鑄法」。

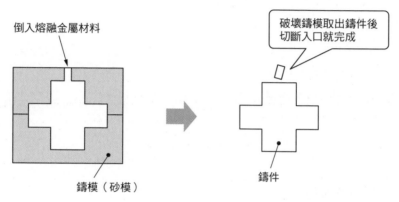

圖**7.10** 砂模鑄造法

塑膠加工的射出成型

　　將塑膠熔解倒入模具內的加工法就是射出成型。塑膠的熔點很低，所以比鑄造更容易加熱。想要像寶特瓶一樣有中空，事先將材料做成管狀，在模具中使其像氣球一樣膨脹即可。這稱為吹出成型，若產品體積較大時則使用旋轉成型。

敲打金屬成型的鍛造

　　鍛造如同字面上的「鍛鍊而造」一樣，藉由施加強大的外力使金屬組織更細密，同時塑形的加工法。日本刀也是用錘子敲打炙熱的鐵塊來成型，這種稱為自由鍛造。另一方面，使用模具的加工方法稱為模鍛。

　　自家車用的鋁合金輪圈是鑄造品，但高級的輪圈是鍛造製成。為了增加強度，材料的使用量較少，以企圖達到輕量化，藉此也能提升行駛性能、降低油耗量。

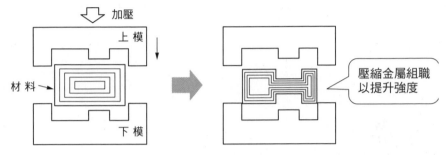

圖7.11 鍛造的特徵

加壓延展的壓延加工

　　將金屬材料通過旋轉中的滾輪，藉此延展成扁平的加工法即「壓延加工」。鋼材廠除了平板，角鐵、槽鋼等結構鋼也是用壓延來加工。

　　壓延加工分為2種，利用再結晶溫度以上高溫加工的熱壓延，以及為了使熱壓延厚度更薄而在常溫加工的冷壓延。表面被黑鏽所保護的黑皮材為熱壓延產品，而表面光滑的磨光材則為冷壓延產品（圖7.12（a））。

擠出加工‧抽出加工

　　製造像鋁窗框這種長尺形狀的加工法就是擠出加工與抽出加工。長尺形狀的特徵是不管在哪裡切斷都是同樣的斷面。成型模是一種模具，上面開著所需斷面形狀的孔，材料通過成型模來成型（圖7.12（b））。一般以2公尺或4公尺的定尺來成型，切成需要的長度來使用。

　　市面上販售各式各樣的斷面形狀。此外，藉由製造新的模頭，也可以製造客製化的原創產品。

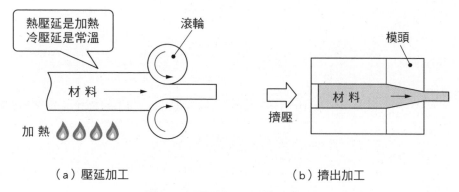

（a）壓延加工　　　　　　　　（b）擠出加工

圖7.12 壓延加工及擠出加工

材料間的接合加工

接合加工的種類

接合物體的方法如圖7.13所示有許多種。當中，熔接是讓目標工件互相熔解後再用金屬結合，是接合強度最大的方法。

另一方面，硬焊不熔解目標工件，而是熔解填料來接合。特徵是透過填料滲透可以接合不同的金屬，形狀複雜也能接合。軟焊是硬焊的一種。

第3章所介紹的螺絲是唯一可以卸除的接合方法，其他的接合法不破壞就無法卸除。

嵌合是使用干涉配合，打入比孔徑還粗的軸來固定。適合固定定位銷。此外，熱套裝配、冷縮裝配是利用熱脹冷縮嵌合的固定方法。

接合方法	接合強度	卸除的容易程度	特徵
熔接	◎	×	接合強度最強。 目的為降低成本。
硬焊	○	×	不需熔解母材就能接合。
接著劑	△	×	加工成本便宜。 接合強度下降。
螺絲	○	◎	唯一可以卸除的方法。
干涉配合（壓入） 熱套裝配／冷縮裝配	○	△	接合無法用螺絲固定的軸非常有效。
鉚釘	○	×	銷插進孔，破壞銷的兩側來固定。

圖7.13 各種接合方法的特徵

熔接的優點

　　熔接的特徵是能夠獲得高接合強度，以及能用比切削加工更低的成本加工。切削加工體積較大的工件時，不僅耗費時間還會產生材料的浪費。另一方面，熔接所需的加工時間較短，也不會有材料的浪費。不過，因為熔接的熱會產生變形，所以講求精度的工件在熔接後需要再切削加工。體積小時用切削加工，體積大時適合用熔接。

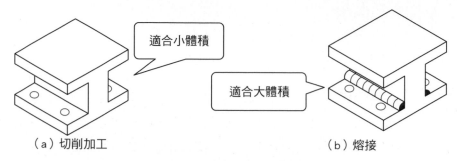

圖7.14 切削加工與熔接

熔接的種類

　　依據不同的熱源可分為「氣焊」及「電焊」（圖7.15）。電焊又分成使用焊條的「電弧熔接」及不需要焊條的「電阻熔接」。電弧熔接藉由放電產生的火花熱能來熔解接合。透過使用與母材相同材質的焊條，母材和焊條雙方熔解成一體，熔接部凸起呈鱗片狀。

　　電阻熔接為通電2個相互接觸的母材，藉由電阻產生的熱能熔解母材來接合。主要用於板金的熔接。因為不需要焊條，所以完工後的外觀很好看。廣泛用於汽車車身的接合。

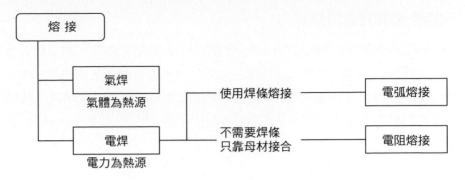

圖7.15 熔接的主要分類

使用焊條的電弧熔接

電弧熔接分成「遮護金屬電弧熔接」及「氣體遮護電弧熔接」。遮護金屬電弧熔接所使用的焊條兼當電極使用，焊條本身是會熔解的消耗品。

氣體遮護電弧熔接用氣體遮護熔接處，藉此防止氧化、氮化，得以穩定地熔接。所需的成本雖比遮護金屬電弧熔接高，但可達到更高的品質。根據電極的材質、氣體的種類可分為TIG熔接、MIG熔接、CO2熔接。

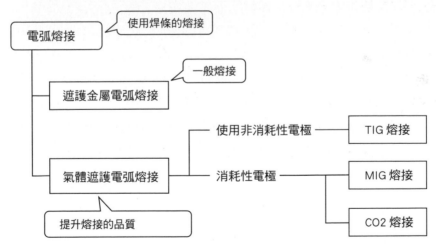

圖7.16 電弧熔接的種類

不需要焊條的電阻熔接

　　用電極夾住2塊板金通電後，用接觸部分的電阻來發熱。藉由電阻發熱熔解材料，在熔融狀態下施加外力來接合。因此，推壓電極處會有些微凹痕。熔接處為一點的稱為點熔接，熔接處為多點時稱為凸出熔接，使用滾輪連續熔接的稱為接縫熔接。熔接螺帽使用接合4點凸起的凸出熔接。

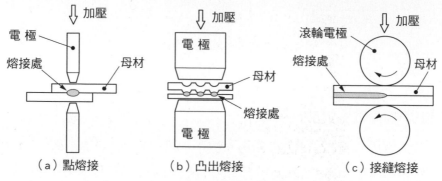

（a）點熔接　　　（b）凸出熔接　　　（c）接縫熔接

圖7.17 電阻熔接的種類

硬焊及接著

　　熔接是使用金屬來接合母材，而硬焊是只熔解熔點比母材低的金屬（填料），靠毛細現象將熔融狀的填料流入間隙接合的加工法。填料的材料有銀、黃銅、鋁、鎳等等。

　　另一個同樣不讓母材產生變化的接合方法是接著。接著劑主要材料是樹脂，有單液環氧樹脂接著劑、雙液環氧樹脂接著劑、瞬間接著劑、紫外線（UV）硬化型接著劑。紫外線硬化型接著劑只在照射紫外線的期間會硬化，所以很容易控制，適合用於接著工程的自動化。

局部熔解的特殊加工

不施加外力的加工

　　前面介紹的切削加工、成形加工是透過施加外力來塑形，而外力以外當做能源的方法，有使用光能的雷射加工、使用電能的放電加工，以及透過化學反應塑形的蝕刻。

　　此外，堆疊印刷建立立體形狀的是3D列印。這些加工法不使用工具、不對工件施加外力，所以適用於易變形的薄壁零件的加工以及複雜形狀的加工。

　　各個加工根據所使用的工具機性能會有所差異，因此在設計階段與加工者協調加工形狀、加工精度成效較好。

使用光能的雷射加工

　　發表會上用來指示畫面的雷射筆就是運用雷射的產品。雷射具有優良的直進性，提高輸出功率集中於一點可以熔解金屬。換句話說，雷射光的能量轉變成熱能，熔解工件進而塑形（圖7.18）。

　　其特徵如下：

① 不需要車刀、端銑刀、模具等工具。
② 不用對工件施加外力，所以不會產生變形。
③ 發熱量很少，所以不易產生熱變形。
④ 連鑽石這種硬度高的工件也可以加工。
⑤ 雷射光的軌跡可使用程式自由設計。
⑥ 切割成本低，產量高。
⑦ 適用於複雜的形狀及細微的加工。
⑧ 但因其反射率高，故不適合高純度的鋁或純銅加工。

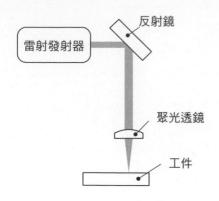

反射鏡

雷射發射器

聚光透鏡

工件

· 切斷的臨界值
  鋼材厚度以 12mm 左右為基準
· 微孔加工
  直徑 φ0.01mm（厚度 0.1mm）等
· 雷射刻印
  善於細小文字、記號的印刷

圖7.18 雷射加工的特徵

使用電能的放電加工

在電極及工件間僅存的空間放電，藉由將近6,000℃的火花高溫熔解工件的加工法。條件是讓電流通過材料。超硬合金或淬火後硬度高的材料也能夠精密地加工，特別是成形加工的模具大多數硬度高且形狀複雜，所以適合使用放電加工。

放電加工又分為「雕形放電加工」及「線切割放電加工」（圖7.19）。

雕形放電加工

將欲加工的成品形狀顛倒的電極做為工具，在水或煤油中將金屬與電極板相對，透過通電產生火花，用火花的熱能來熔解金屬。電極使用銅等較軟的材料，所以電極本身能夠輕易地加工。加工精度高，可達到 1 μm。

銑削加工會在工件上加工端銑刀的R角半徑，而放電加工則可加工成90°鋒利的刀尖。一般說到放電加工都是指雕形放電加工。

線切割放電加工

　　線切割放電加工又稱線切割，使用電極絲當做電極。工件上需要事先開好小孔，ϕ 0.2~0.3mm的電極絲穿過該孔後，藉由放電來熔解工件。透過讓工件前後左右移動，來加工成想要的形狀。工件的移動軌跡用程式指令控制，所以形狀變更也很容易。

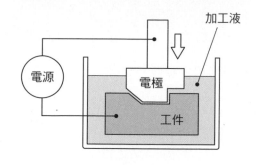

（a）雕形放電加工　　　　　　　（b）線切割放電加工

圖7.19 放電加工

蝕刻及3D列印

　　使用藥品，以化學方式熔化塑形的加工法，稱為蝕刻。用於印刷電路板的配線，配線端子的間距能做到0.1mm的細微加工。

　　3D列印是透過印刷來製作立體物的加工法。即使印刷層很薄，層層疊加後也能產生厚度。與其他加工法不同，形狀可使用程式設計為最大的特徵。因為加工耗時，所以不適合大量生產，適用於少量生產或需要更改的試作品。材料除了塑膠外，金屬也能透過列印來塑形。

製作自己的設計機密文件

設計過程中所收集的加工法、成本、交期、購買的商品等，這些資訊都是重要的財產，所以當做紀錄留存非常有效。筆者還在第一線工作現場時嘗試許多留存的方式，其中彙整成一本A4檔案夾收納是筆者認為最便利的方法。

1張紙只寫1個資訊，上段撰寫日期，接著是「銑床的加工精度」這類資訊的標題，以及詳細的資訊，最後寫上資料來源。不需要加以分類，1張1張的放進檔案夾收納即可。筆者曾經做過索引來分類，但是1個資訊同時適用於許多領域，無法順利分類。

這種資訊手寫在紙上是最好的。資訊不只有文字，還需要畫圖，所以用手寫絕對比用電腦還快。雖說無紙化，還是應該避免將資料保存在電腦裡。會議紀錄、JIS規格等用檢索就能抽取出來的資料，建立成資料庫確實具有優勢，但將知識「寫在紙上」、「用手寫」、「紙本建檔」才能奠定基礎。

如此一來，需要的時候，不知道收納在哪個檔案夾裡，所以只能從聯想到的位置附近翻翻找找。這樣其實非常好。忘了的資訊只是稍微看過，就能在記憶留存一角。這樣就能好好地習得這些知識。

第 **8** 章

降低成本的設計訣竅

考量到加工的設計

切削加工會轉寫工具形狀

切削加工的特徵是，工具的形狀會直接轉印到工件上。使用車床及銑床加工時，內角會轉印車刀前端的R角半徑或端銑刀前端的R角半徑。換句話說，圖面上所指示之內角R角半徑的尺寸與工具前端的尺寸相同。

因此，R角半徑的尺寸盡可能採用較大的尺寸，並在該標準值後加上「以下」兩字，藉此讓加工者在使用的工具上有更多的選擇。最適合的工具規格交給加工者決定。此外，鑽頭及端銑刀前端的形狀差異也會轉印到孔底。

（a）車床加工　　　　　　　　（b）銑床加工

R0.5 以下

車刀的內角 R

R0.5 以下

端銑刀的內角 R

（c）用鑽頭鑽孔加工　　　　　（d）用端銑刀鑽孔加工

鑽頭　　用直徑 4.0mm
　　　　的鑽頭

端銑刀　加工後的孔
　　　　直徑為 4.0mm

圖8.1 工具形狀的轉寫

一旦夾住就不放開的設計

　　用車床加工在圓柱的兩端面開孔時，分成貫通及不貫通2種設計，來比較看看兩者的不同。如圖8.2所示，若不貫通，加工完A孔後，夾頭需先放開工件，左右顛倒後再重新夾住。這種方法稱為「反轉加工」，不僅增加加工時間，因為需要放開夾頭，所以A孔及B孔的中心位置會產生偏差。幾何公差的同軸度惡化，會導致出現 ϕ 0.02～0.05mm左右的偏差。

　　另一方面，若為貫通孔，加工完A孔後可以繼續加工B孔，所以不但不需要重新夾住，A孔及B孔的中心位置也會剛好契合。因此，車床加工是以不重新夾住的設計為目標。

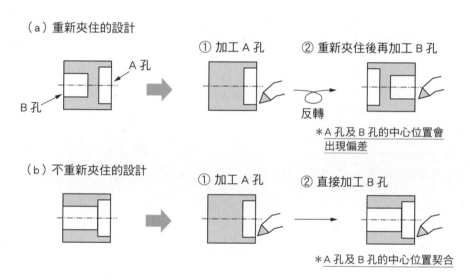

圖8.2 一旦夾住就不放開的設計

嵌合的溝槽加工延著軸進行

想藉由孔與軸的嵌合來提升密閉性時會使用O形環。這個環的溝槽會嵌入在軸上，而不是孔上。這是因為孔的內側加工溝槽後，看不見車刀或切屑會很難加工，而在軸上加工溝槽則可一眼掌握加工的狀況。此外，組裝時要把O形環嵌入孔的溝槽是非常困難的。

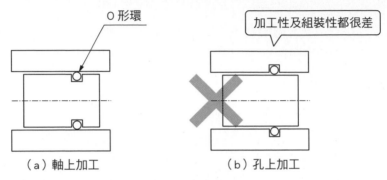

圖8.3 溝槽的加工

軸上R角半徑、孔上C倒角

軸頸定位銷插入孔時，軸的階梯狀內角有R角半徑，孔的入口處則需要加工C倒角。

此時的尺寸條件為「軸的R角半徑尺寸＜孔的C倒角尺寸」。

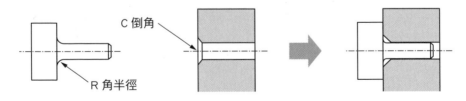

圖8.4 R角半徑尺寸及C倒角尺寸

口袋形狀內角R角半徑的尺寸

零件需要深鑿時，會用端銑刀加工。因為4個內角皆為端銑刀的R角半徑，考量加工效率，使用直徑較大的端銑刀效率較高。因此，4個內角的R角半徑盡可能採用較大的尺寸，並在數值後標示「以下」，在端銑刀直徑尺寸能有更多的選擇。

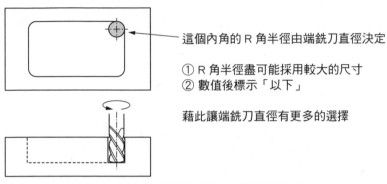

這個內角的 R 角半徑由端銑刀直徑決定

① R 角半徑盡可能採用較大的尺寸
② 數值後標示「以下」

藉此讓端銑刀直徑有更多的選擇

圖8.5 口袋形狀內角R角半徑的尺寸

側面附近的孔加工尺寸

鑽孔時若孔與側面很接近，孔會因為切削阻力的差異而彎曲。因此，必須確保一定的距離。圖8.6中彙整了切孔與高精度孔的最小尺寸標準。若孔與側面的距離不得已比標準尺寸還小時，會在孔加工之後切削加工側面。

此外，孔或螺紋加工在斜面上時，也會因為切削阻力的差異導致孔彎曲，所以會採取在平面加工的設計。

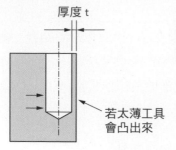

厚度 t

（單位mm）

孔的直徑	厚度t（最小尺寸）	
	切孔	精度孔
5以下	1	1.5
5以上25以下	1	2
25以上50以下	2	3
50以上	3	4

若太薄工具
會凸出來

圖8.6 側面附近的孔加工圖

板金的最小彎曲半徑

　　彎曲板金後，內側會有彎曲半徑（圖8.7（a））。此時的最小彎曲半徑以板厚為基準。例如：若板厚為2.0mm，最小彎曲半徑也為2.00mm。較軟的鋁板、銅板的最小彎曲半徑更小。

　　此外，鑽孔加工後若馬上就做彎曲加工，會使得孔變形，所以需要一定程度以上的尺寸。基準為板厚的2.5倍以上（圖8.7（a））。這個基準以下的尺寸若需要孔時，先彎曲加工後再做鑽孔加工。

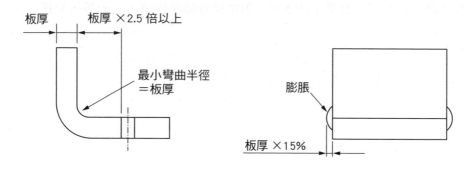

板厚　　　板厚 ×2.5 倍以上

最小彎曲半徑
＝板厚

膨脹

板厚 ×15%

（a）最小彎曲半徑與孔位置　　　　　　　　（b）膨脹量

8.7 板金最小彎曲半徑與膨脹量

彎曲造成的膨脹量

板金做彎曲加工後，內側會被壓縮，所以壓縮的量會膨脹在側面。單側的膨脹量以板厚的15%為基準。板金多用於安裝感測器的支架上，所以並排固定這個支架時，需要考慮到膨脹量事先預留間隙（圖8.7（b））。

去毛邊適合C倒角

不論哪種工法加工後都會出現毛邊。毛邊很銳利，所以可能會割到手，若毛邊剝離游移在零件間，還會導致精度變差。要去除毛邊，C倒角是最合適的方式。不會割手的C倒角手工加工C0.1～C0.3就足夠了。若採用C0.5以上，就需要切削加工，但會大幅提高成本所以請多加注意。

鑄造品可向鑄鐵製造業者商量

鑄造要將熔解的金屬倒入模具，所以模具的形狀必須讓熔融金屬容易流動。而在流入熔融金屬後的冷卻作業中，金屬會先從較薄的地方冷卻，接著才是較厚的地方，所以薄厚差異太大就會變形。應該盡可能將厚度設計均勻，若需要讓厚度有落差，則是漸漸地讓它變形。另外，若有中空，要使用稱為中子（原型）的木模，但這種維持法很費工。此外，根據模具形狀成品的尺寸也都各不相同。

如上所述，鑄件需要很豐富的知識經驗，所以在繪製圖面時建議與鑄鐵製造業者商量，將獲得的資訊回饋至設計中是非常重要的。

逃槽加工

高精度的嵌合

孔公差H7／軸公差g6這種高精度的孔軸組合是非常順暢的嵌合，幾乎感受不到不穩定。因此，微小的異物入侵或是孔、軸出現出現彎曲時，就會變得很難插入。

此時，會像圖8.8那樣在軸的中央處做逃槽加工，藉此能夠迴避異物及彎曲帶來的影響。另外，軸g6公差的研磨加工面也會減少，所以能降低加工成本。

在圖面上指示時，若逃槽部分是用直徑表示，容易把這個直徑的尺寸解讀成別的意思，所以要用外徑的切削量來表示，而不是用直徑。例如，「逃槽深度0.5」。這並不是JIS規格，而是獨創的規則。

軸（g6 公差等）　　　　　　　　　　　　　　　　　孔（H7 公差等）

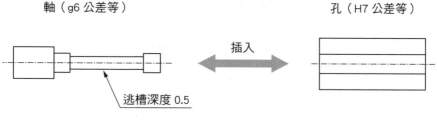

插入

逃槽深度 0.5

圖8.8 高精度軸的逃槽加工

高精度軸的固定

與上述狀況相同，用高精度的嵌合固定時，經螺絲鎖緊後，軸表面會受損導致拔不出來。硬拔的話，孔的內面也會受損，而產生雙重風險。此時，會在螺絲接觸軸的地方做逃槽加工，逃槽深度有0.5mm左右就足夠了（圖8.9（a））。

若軸上無法做逃槽加工時，會在孔上加工2mm左右的溝槽，是用螺絲鎖緊的方法（圖8.9（b））。

　　其他還有使用固定片的方法。讓比直徑稍為長一點的黃銅製圓棒落入螺絲孔後，用直徑比內螺紋「底徑」小的螺絲鎖緊。黃銅很軟，所以透過沿著軸表面的形狀變形來固定軸。這個黃銅製的零件就稱為固定片（圖8.9（c））。

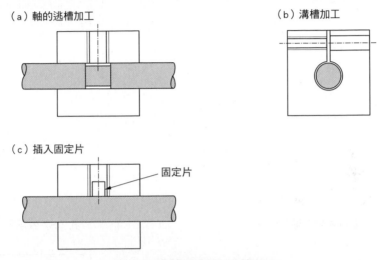

（a）軸的逃槽加工　　　　　　　　　　（b）溝槽加工

（c）插入固定片　　　　　　固定片

圖8.9 高精度軸的逃槽加工

無法同時對齊

　　如圖8.10的a圖所示，2個面無法同時對齊。就算看起來好像2個面有對齊，但一定有1個面會出現間隙。因此，藉由做逃槽加工來明確區分出對齊的面以及空出間隙的面。此外，如圖8.10的b圖所示，若為孔公差H7與銷徑公差g6兩者間的嵌合時，受到螺距精度的影響會插入困難，所以這個孔需要是長孔。

（a）矩形的逃槽加工

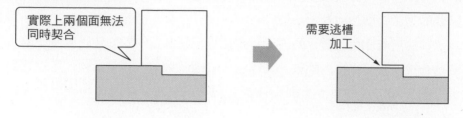

實際上兩個面無法同時契合

需要逃槽加工

（b）長孔的逃槽加工

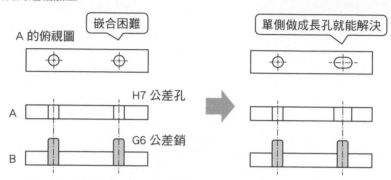

A 的俯視圖

嵌合困難

單側做成長孔就能解決

A

H7 公差孔

B

G6 公差銷

圖8.10 無法同時對齊

確保直角的逃槽加工

加工深度若大於端銑刀的直徑，因為加工的反作用力，端銑刀會歪斜導致很難確保為直角。此時，要重新考慮直角所需要的深度，在不需要的面上做逃槽加工。加工深度以端銑刀的2倍以下為基準。

端銑刀

端銑刀歪斜

逃槽加工

圖8.11 確保直角的逃槽加工

四角必須是R角半徑時

如圖8.5，口袋形狀的四角無法是R角半徑時，會做逃槽加工。此時，逃槽的寬度為端銑刀的直徑，所以R角半徑會採用較大的尺寸，並在數值後標示「以下」。

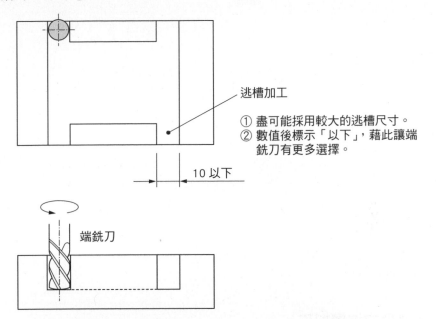

逃槽加工

① 盡可能採用較大的逃槽尺寸。
② 數值後標示「以下」，藉此讓端銑刀有更多選擇。

10 以下

端銑刀

圖8.12 口袋形狀內角無法R角半徑時的處理法

孔的深度不可超過直徑的5倍

孔的深度若超過工具直徑的5倍，會有以下缺點：

① 成為特殊規格的長鑽頭。

② 鑽頭歪斜，難以筆直地鑽孔。

③ 鑽頭很容易斷掉。

因此，孔的深度以工具直徑的5倍以下為基準，若超過5倍，不需要的深度用較大的直徑做逃槽加工（圖8.13）。

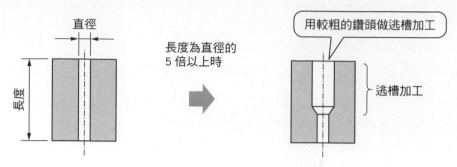

圖8.13 孔的深度為直徑的5倍以下

外螺紋與內螺紋的逃槽加工

在階梯形狀上加工外螺紋時，若有不完全螺紋部，內螺紋無法進到底部，螺絲的加工性很差，所以會做逃槽加工。逃槽寬度為2個螺距以上，深度則比底徑小。用內徑車刀加工內螺紋時，逃槽加工也需要2個螺距以上的寬度。

（a）外螺紋的逃槽加工

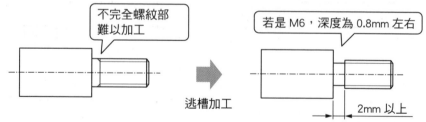

（b）內螺紋的逃槽加工

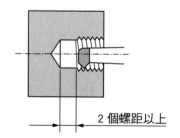

圖8.14 外螺紋與內螺紋的逃槽加工

考慮組裝的設計

重要基準的思考法

　　最重要的是統一基準。要決定好左右／前後／上下分別是以什麼為基準。如圖8.15的a圖所示，零件A與零件B的孔位置若想用左端面基準對齊，假設零件A與零件B兩者左端面基準的公差皆為±0.1mm，孔中心最大的偏移會是0.2mm。但是如圖8.15的b圖所示，若零件B採用右端面基準，最大偏移會擴大為0.3mm。若想將兩者偏差一樣設定在0.2mm以內，零件B的公差就必須在±0.1～±0.05mm。像這樣為了要減少浪費，統一基準就變得很重要。

　　此外，基準不是每次根據零件、機械來決定，而是將它標準化，藉此能夠直接使用（流用）其他機械的圖面。設計的流用會在第10章說明。

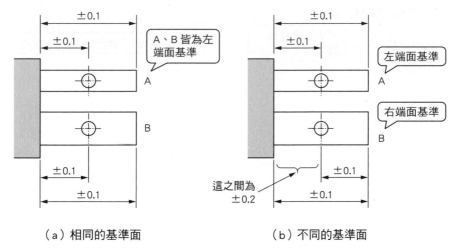

（a）相同的基準面　　　　　　（b）不同的基準面

圖8.15 基準面的差異

螺絲固定時提高位置精度的方法

一起來思考使用螺絲固定零件A與零件B時，如何提高位置精度。如圖8.16的a圖所示，將零件A與零件B重疊的固定法，零件B的切孔與螺絲大徑間有間隙，所以若直接固定位置會產生巨大的偏差。因此，必須使用比例尺、游標尺等測量儀器。若需要高精度，操作就要格外地小心。

因此，會使用設置「接觸點／面」讓操作變簡單的定位法，如b圖所示，若2個零件皆為端面基準，藉由接觸面能夠更輕易地對齊。

此外，c圖為切削加工零件A來製造接觸面的方法，而d圖是靠壓入讓固定好的銷成為接觸點。藉由設置接觸點能夠讓組裝變得簡單。

（a）重疊固定

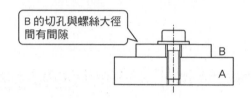

（b）靠接觸來固定

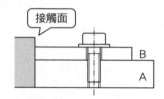

（c）切削加工的接觸面

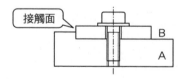

（d）用銷當接觸點

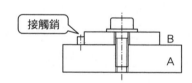

圖8.16 提高位置精度的方法

壓入銷時需要開通孔

用干涉配合壓入銷時需要開通孔。一是因為在插入銷時，若無法排除孔中的空氣，銷就無法插到底；二是需要拔出銷時，若有通孔從反面按壓就能輕鬆拔出。

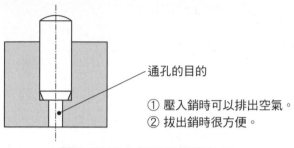

通孔的目的

① 壓入銷時可以排出空氣。
② 拔出銷時很方便。

圖8.17 壓入銷時的通孔加工

固定螺絲時全部都從上方進行

固定螺絲時全部都從上方來進行是非常重要的。從下方固定螺絲，操作性很差，維護時還需要卸除一些不必要的零件。

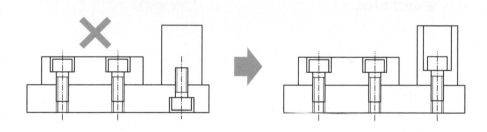

（a）不好的範例　　　　　　　　　　　（b）良好的範例

圖8.18 固定螺絲的方向

同時加工使誤差最小化

　　若想讓2個零件的尺寸完全對齊，會使用同時加工這個方法。個別加工時或多會少都會產生些許誤差。因此，若兩者一起固定在工作機上同時加工，就可以盡可能地將誤差縮小接近零（圖8.19）。這種加工法在零件圖上會標示為「與圖號○○同時加工」。

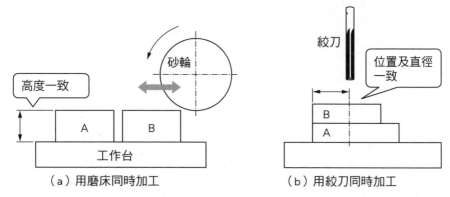

圖8.19 A與B同時加工的範例

組裝圖的完成度

　　零件間的結合、配線、配管等組裝作業中最重要的是，主要資訊來源的組裝圖的完成度。「是否明確記載結合的位置」、「是否記載結合時所使用的螺絲種類、螺絲大徑、螺絲長度」、「是否有指示配線及配管的配置方法」，若其中有1點沒有標示清楚，組裝的作業員就必須比對實際零件。

　　無論如何只能比對實際零件時，將1號機最適合的作業方法補充在組裝圖、組裝指示書上，且活用照片，讓2號機以後能夠順利地作業是非常重要的事。

考量到調整的設計

何謂調整的容易度

有許多部分能夠調整的機械是好還是不好呢？答案是後者。

能夠調整的部分愈多，對調整及操作機械的作業員來說負擔就愈大。完全不需要調整的機械是最理想的，但現實中會面臨零件的加工精度和零件隨時間的變化，以及產品多樣化，必須藉由調整機械來因應。設計上必須盡量減少需要調整的部分。

另一個減少調整部分的優點是機械本身不容易被仿冒。就算拆解別家公司的產品來測量其尺寸，也無法知道尺寸公差。如果能夠調整的部分很多，用寬鬆的普通公差來加工零件，藉由調整就能提高其完成度。另一方面，如果沒有任何部分能夠調整，全部零件都必須高精度加工才能完全複製，這樣會需要很高的成本，就沒有仿冒的意義了。

用間隔柱調整位置

為了因應產品多樣化、目標工件尺寸不一，會採取調整零件位置的方法，一起來看看這些方法。最推薦的是使用「間隔柱」，事先準備與品種數相對應的間隔柱，按照當下的需求來更換。為了容易區分各個間隔柱，可以用塗色、編號標記等方式。

此時，用來固定間隔柱的孔不是切孔，而是事先開好如圖8.20的槽口，只需要將螺絲轉鬆半圈就能夠卸除，能輕鬆更換零件非常方便。

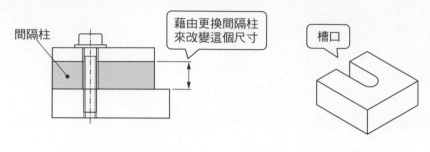

（a）間隔柱的使用範例　　　　　（b）間隔柱的槽口

圖8.20 用間隔柱調整位置

用螺絲調整位置

　　種類繁多或是目標工件尺寸每次都不同時，用間隔柱會變得難以處理。此時，可以將螺絲前端當做接觸點，用螺絲的進出來調整位置（圖8.21（a））。

　　此時讓螺絲轉動一圈，前進量較少的一方能夠做更精密地調整。因此，會使用螺距較小的細牙螺絲，而不是螺距較大的粗牙螺絲。例如：M4粗牙螺絲的螺距為「0.7」，而細牙螺絲為「0.5」，所以細牙螺絲能夠做到轉動一圈0.5mm、半圈0.25mm程度的調整。

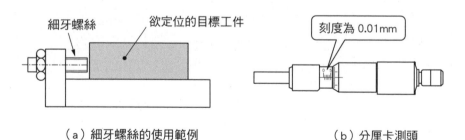

（a）細牙螺絲的使用範例　　　　（b）分厘卡測頭

圖8.21 用螺絲調整位置

用分厘卡測頭調整位置

　　用螺絲調整位置時，若需要高精度會併用針盤指示器、槓桿式量錶來進行，但這非常耗時費力。此時會使用分厘卡的測頭來調整。市售的分厘卡僅有測量部分的測頭，取下了操縱桿的部分。用這個來取代螺絲。刻度為0.01，不僅精度高，價格也只需5～7千日圓左右，CP值很高（圖8.21（b））。

比對實際零件來調整位置

　　想提高數個零件組合總尺寸的精度時，會比對實際零件來調整位置。例如：5個零件總尺寸精度希望在±0.03mm時，單純計算1個零件需為±0.006mm。這種程度的精度會大幅提高加工成本。

　　因此，會使用正公差來加工5個零件，再將加工後的5個零件重疊起來實際測量。測定值與目標值的差值，則藉由再加工1個零件來修正。比對完實際零件後，追加的加工步驟要看著組裝圖進行。

按照數值調整

　　調整的程度若無法用數值掌握，就只能配合實際零件來調整，通常不會知道這是否為最佳值。若能數值化，不僅可以縮短調整時間，也能確保再現性。

　　數值化區分成讀取刻度的機械式及直接顯示數值的電子式。前面介紹的分厘卡測頭也是機械式，能以數值表示為其優點。此外，驅動氣缸的空氣壓力或真空吸引所使用的真空壓也一樣，用數值來調整會很有效。

擋片的拆卸

　　擋片在確保安全及對抗粉塵的效果很好。根據用途分為固定類型及開關類型。

　　固定類型中有時需要卸除的外側板會使用「葫蘆孔」，非常方便。外側板的孔不是圓孔，而是加工成像葫蘆一大一小的雙孔。大孔的孔徑會比固定用螺絲的螺絲頭還大，小孔的孔徑則是配合螺絲大徑的大小。事先稍微鎖緊螺絲，將葫蘆孔的大孔從上方穿過螺絲。手離開後就會嵌入小孔，接著再鎖緊螺絲即可。

　　葫蘆孔的優點是只需要轉鬆螺絲半圈就能卸除，並且螺絲插著也能持續操作，所以沒有弄丟螺絲的風險。此外，就算是面積很大需要2人操作的擋片，使用葫蘆孔1個人就能輕鬆地操作。

（a）葫蘆孔形狀

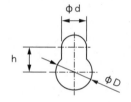

葫蘆孔尺寸的基準　　　　　　　　　單位 mm

	M3	M4	M5	M6
φd	4	5	6	7
φD	10	12	14	16
h	8	10	11	12

（b）葫蘆孔的使用範例

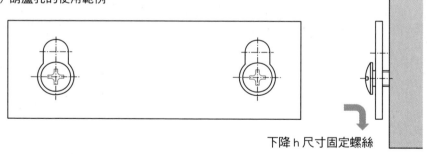

下降 h 尺寸固定螺絲

圖8.22 葫蘆孔

第 9 章

感測器及順序控制

感測器

收集資訊的感測器

感測器的功能是收集資訊、把握現況。例如：若想將室溫維持在25℃，首先必須先知道現在的室溫。用感測器檢測室溫，若不是25℃，就進行控制來填補之間的落差。換句話說，感測器具有掌握溫度、亮度、力、位置等物理量，及確認有無目標工件，並轉換成容易控制的電壓或電流的功能。用可程式化邏輯控制器處理感測器的資訊，進而調整輸出。

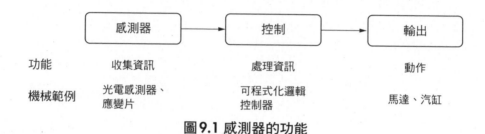

圖9.1 感測器的功能

人擁有卓越的感測功能

擁有最卓越感測功能的其實是人類本身。如我們常說的五感，運用「視覺」、「聽覺」、「味覺」、「嗅覺」、「觸覺」這幾種感測能力，來感受形狀、大小、顏色、聲音、味道、氣味、硬度、溫度等等，進而採取行動。

另一方面，市售的感測器並不像人一樣具備所有的功能，僅是具備部分單一的功能。

檢測目標物的感測器

機械中，檢測目標物的有無及位置的感測器特別重要。檢測方式大致可區分為4種，「用機械機構檢測」、「用光檢測」、「用渦電流檢測」、「用影像檢測」。

使用機械機構檢測的是微動開關；用光檢測的是光電感測器、光纖感測器、雷射感測器；用渦電流檢測的是近接感測器；而用影像檢測的是影像感測器。

檢測法		感測器的種類	特徵
接觸式	用機械機構檢測	微動開關	機械式接觸來開關電路
非接觸式	用光檢測	光電感測器	用光的非接觸式檢測
		光纖感測器	用光纖傳遞光電感測器的光源
		雷射感測器	使用雷射所以精度高
	用渦電流檢測	近接感測器	檢測物理性質
	用影像檢測	影像感測器	數位處理相機的影像

圖9.2 檢測目標物的感測器分類

微動開關

只要推拉微動開關的開關操縱桿，操縱桿會接觸開關內的端子，藉此來開關電路（圖9.3）。體積小、價格數百日圓非常便宜，所以很容易使用，但檢測的位置精度不高。因此使用於目標物的有無、通過與否等簡單的檢測。微動開關上有防護套，可防止水、油、灰塵入侵的類型，稱為極限開關。

開關有3個端子，廠商型錄中記載為COM、NO、NC。COM為共通端子，為英文Common的簡稱。

NO為英文NORMAL OPEN的簡稱，一般接點是呈現分離的狀態，按下開關就會通電。NC與NO相反，一般接點是導通狀態，按下開關就會切斷。依據用途分為選擇連接COM端子及NO端子，或是連接COM端子及NC端子。

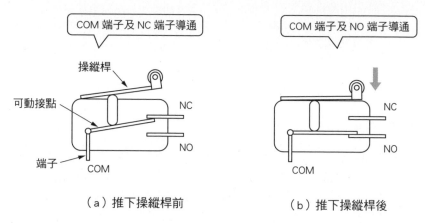

（a）推下操縱桿前　　　　　　（b）推下操縱桿後

圖9.3 微動開關的構造

光電感測器

　　光電感測器是由傳送光線的投光部位和接收光線的受光部位所組成（圖9.4）。利用投射的光線被遮蔽時受光量就會減少的原理。與前面介紹的微動開關不同，不用接觸目標物就能檢測為其特徵。回應速度快，便宜的只要數百日圓就能取得，價格經濟實惠，所以被廣泛地使用。

　　目標物不論是金屬、塑膠、液體等任何材質都能檢測，是很方便使用的感測器。依據接受光線的方式分成反射型及對照型。

　　因為是檢測光量的構造，所以受光部位若很髒，檢測的精度就會變差。特別是把感測器朝向上方使用時，大氣中的灰塵、異物落下時容易附著在表面上，所以需要多加注意。

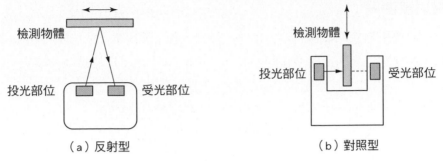

（a）反射型　　　　　　　　　　（b）對照型

圖9.4 光電感測器

光纖感測器

　　光纖感測器是光電感測器的一種，是使用細光纖的感測器。光電感測器的投光面及受光面比較寬，而光纖感測器有直徑 ϕ 1mm的光點直徑，可以檢測微小的目標物。光纖可以稍微彎曲，所以擅長在狹窄處、構造複雜處或遠處檢測。

　　與光電感測器一樣分為反射型及對照型。2種類型都是組合光纖單元及光纖放大器來使用。

（a）反射型

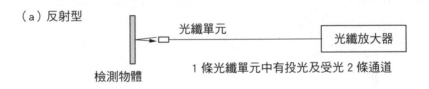

（b）對照型

圖9.5 光纖感測器的種類

雷射感測器

使用雷射光的雷射感測器價格雖然比光纖感測器高昂，但能夠用更高的精度檢測。分為反射型及對照型，其特徵如下：

① 肉眼就能看見光點，所以容易調整位置。

② 雷射的直進性很高，可以做到10m等的長距離檢測。

③ 也有50μm左右的光點直徑，可以檢測微小的目標物。

近接感測器

目前為止所介紹用光檢測的感測器雖然方便使用，但缺點是很容易受到目標物的表面粗糙度或是水、油、灰塵等附著物的影響。

相較之下，近接感測器是利用只要金屬製的目標物一靠近，檢測線圈的電阻值就會發生變化的原理，所以就算表面粗糙或是有水、油等附著物也能檢測。運用金屬以外皆無法檢測的特點，可以隔著不透明的塑膠板來檢測金屬製的目標物。

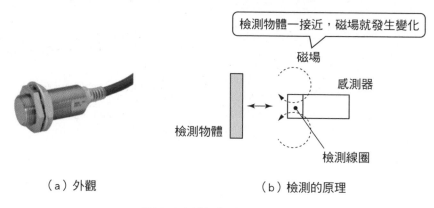

（a）外觀　　　　　　　　（b）檢測的原理

圖9.6 近接感測器的原理

影像感測器

影像感測器又稱為感光元件，英文是Image Sensor，將相機所拍攝的影像數據化處理，所以能夠廣泛運用。檢測位置、尺寸、數量或缺貨，最擅長的是能夠檢測受損、異物附著、顏色，這些是其他感測器難以檢測的部分。

相機所拍攝的影像藉由CCD、MOS等影像處理器轉換成數位資訊。影像處理器像圍棋棋盤一樣由排列成網格的小畫素所組成。換句話說，畫素數愈多，就能夠獲得愈詳細的資訊。

另一方面，缺點是畫素愈高所耗費的處理時間就愈長。影像感測器的系統需要相機、控制器、照明、照明用電源、顯示器，所以價格高昂，使用上還需要影像處理的專業知識。

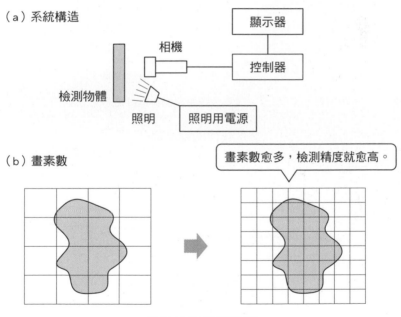

圖9.7 影像感測器

其他的感測器

到目前為止介紹了檢測目標物有無及位置的感測器。除此之外,能夠檢測位移、溫度、磁性、光的感測器種類及特徵整理如圖9.8。

各種感測器的功能都記載在廠商型錄上,但有時需要實際檢測才能知道其檢測精度。在日本有需求時可以向廠商租借測試版使用,請一定要好好運用這項服務。

檢測對象	感測器名稱	特徵
位移	工業移動感測器 磁性尺 旋轉編碼器 應變片	從電阻值的變化來捕捉位移量。 捕捉通過微小間隔NS極的次數。 檢測旋轉圓板的溝槽數。 檢測金屬收縮造成的電阻值變化。
溫度	熱電偶溫度感測器 熱敏電阻溫度感測器 焦電式紅外線感測器	連接兩種金屬線,檢測其電壓差。 檢測溫度變化造成的電阻值變化。 用非接觸方式檢測因應溫度所放射出的紅外線。
磁性	磁力儀	檢測磁性體所記錄的數據。
光	光感測器	檢測因應光能改變的電阻。

9.8 其他的感測器

順序控制及控制裝置

何謂順序控制

　　為了達成目的加以操縱目標物就稱為控制。想看電視時按下遙控ON的開關，關電視時按OFF的開關。這些是藉由人手來控制。另一方面，根據感測器收集的資訊自動做開關動作就稱為自動控制。

　　順序控制的定義是「依照事先設定好的順序或是手續，逐步來進行各階段的控制」。全自動洗衣機就是應用順序控制，按照「注水→洗淨→清洗→脫水→烘乾」的順序自動進行。其他還有運用在自動門、大樓電梯、自動販賣機等各種領域中。

回饋控制

　　為了確實符合目標值就需要隨時檢測，盡可能將差值控制在零附近，這稱為回饋控制。冷氣機隨時檢測室溫，溫度一出現變動，為了達到目標值而回饋控制。雖然順序控制也會檢測，但順序控制是確認動作完成後，判斷是否要移至下一個動作。而回饋控制是追求控制結果「數值上的正確性」，這點是兩者最大的不同。

　　並不一定要擇一，必要時可以同時使用2種控制。例如：機械手臂的動作順序用順序控制來控制，而機械手臂停止位置的精度則靠回饋控制來控制。

3個邏輯閘

接著依序來看順序控制中常用的基本邏輯閘「AND閘」、「OR閘」、「NOT閘」。AND閘只有在接點A及接點B雙方同時ON時才會輸出。接點A及接點B為串聯。為了避免使用壓力機時手放開，採取安全措施，必須要雙手同時按下兩邊的開關才會動作，這當中也是應用了AND閘。

OR閘是在接點A或接點B的其中一方ON時才會輸出。接點A及接點B為並聯。適合用於有數個啟動條件的情況。

第三個的NOT閘是在接點A為OFF時輸出，ON時不會輸出。

此外，接點裡有操縱開關時將開啟的閘關閉並動作的「a接點」，以及將關閉的閘開啟並停止動作的「b接點」。

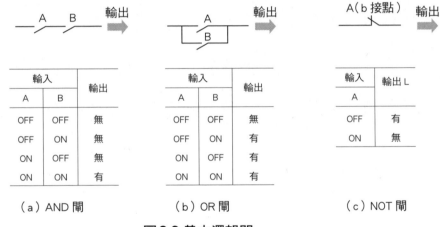

輸入		輸出
A	B	
OFF	OFF	無
OFF	ON	無
ON	OFF	無
ON	ON	有

（a）AND 閘

輸入		輸出
A	B	
OFF	OFF	無
OFF	ON	有
ON	OFF	有
ON	ON	有

（b）OR 閘

輸入	輸出 L
A	
OFF	有
ON	無

（c）NOT 閘

圖9.9 基本邏輯閘

何謂可程式化邏輯控制器

能夠輕鬆編寫程式來依序控制步驟的就是可程式化邏輯控制器。由於名稱太長，以下以「PLC」來表示。

這個PLC的最大特徵是輸入元件及輸出元件只要在PLC的單元上配線，靠程式就能決定控制順序。設計時不需要在配線上花費心力，就算中途需要變更控制的順序也不需要更改配線，只要改寫程式即可。這個PLC也被稱為可程式控制器，這是三菱電機製的產品名稱。

PLC的構造及連接

PLC本體由「記憶體」、「CPU」、「電源模組」、「輸入模組」、「輸出模組」所組成。按鈕開關、感測器等輸入元件配線在輸入模組上，而電磁閥、指示燈等輸出元件則配線在輸出模組上。此外，先用電腦或專用工具編輯程式，再寫進PLC。

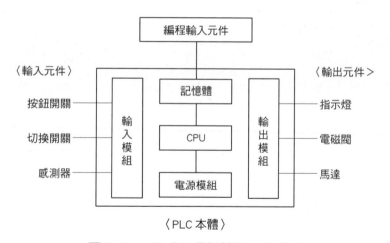

圖9.10 可程式化邏輯控制器的構造

PLC的程式語言

　　PLC最常使用的程式語言是「階梯圖」，意思是輸入或輸出所描述的動作順序如階梯一般。基本上不分任何PLC廠商的階梯圖皆相同，但是程式中標記機器號碼的方式等有些微差異。因此，為了減少編程上的數據丟失，一般只會選擇一間PLC廠商來使用。

　　完成階梯圖後，寫進PLC中來試運作。這裡判斷為功能不正常的稱為「程式錯誤（bug）」，而修正不正常的作業稱為「偵錯」或「除錯」（debug）。

程式設計的流程

　　一般程式設計的流程如下所示：

① 動作的順序彙整成流程圖。

② 編號輸入元件及輸出元件。

③ 製作階梯圖（編程）。

④ 將程式寫進PLC。

⑤ 進行試運作。

⑥ 修正程式（除錯）後完成。

程式設計的範例

　　按下點燈開關指示燈就會亮起，按下關燈開關指示燈就會熄滅，一起來思考這種單純的電路。不使用PLC時會如圖9.11的a圖，需要用繼電器來配線。若使用PLC就會如同圖的b圖，將開關接在輸入模組上、指示燈接在輸出模組上即可，繼電靠PLC內部輔助繼電器即可，所以不需要配線。

接著，用階梯圖寫好程式後分別加上編號，點燈開關PB1為X00、關燈開關PB2為X01、內部繼電器為M00。

c圖為階梯圖的範例。按下開關，燈不是馬上熄滅，而是希望10秒後再熄滅，就算是這種情況配線也只需要保持原樣，使用程式的定時功能即可輕易變更。

（a）繼電順序圖

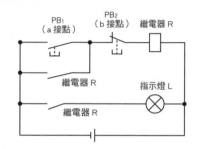

（b）PLC 配線圖

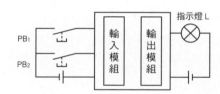

圖9.11 程式設計的範例

（c）階梯圖

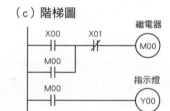

思考的訣竅

在「前言」中有提過，創造力是現有的知識及資訊的「排列組合」。那麼要如何處理獲得的知識及資訊呢？這裡就需要「思考」。從以前當技術員到現在，筆者一直都很注重的事情為以下幾點：

（1）總之先寫在紙上再思考。

（2）想了老半天還是想不到新創意時先放下。

（3）休息一陣子後再思考。

（4）在喜歡的地方思考。

（5）桌上不要擺放無關緊要的東西。

（6）向別人述說自己的想法。

寫在紙上，不斷重複地邊看著紙上的內容邊思考。思路卡住時，就先暫時放下。暫時放下的時間絕對不會浪費，這是讓思考及創意熟成的時間。在喜歡的地方思考也是很好的方式。圖書館也好，喜歡的咖啡廳也可以。此時，桌子上不要擺放無關緊要的東西，只有紙跟筆。而向別人述說自己的想法不是為了想要從他人那裡獲取建議，而是透過說話來彙整自己的想法。

至今為止筆者看了許多關於創造力、創意相關的書籍，只有1本書反覆看了許多次，那就是《思考整理學》（外山滋比谷著，究竟出版社）。現在仍放在書架上隨手就能拿到的地方。

第**10**章

機械的品質及標準化

機械的品質

從2種面向看機械的好壞

　　從能夠將機械能力數值化的「製作良品的能力」及「穩定運作的能力」這2個切入點來看。前者製作良品的能力中，達成100%良品、不良率為零是非常困難的，出現不良品是無可奈何的事情。可能100個產品當中有1個是不良品，也有可能1萬個產品中有1個是不良品。這種製造良品的能力會用良品率或標準差來表示。

　　此外，後者「穩定運作的能力」是指不管「製作良品的能力」多好，只要故障就會馬上停止，修理也需要花費數個小時，這種情況下就無法穩定地生產。想要機械運作時，機械要能不間斷地持續運作。這也可以用「MTBF」或「MTTR」來表示。另外，交換不同種類的零件時的「製程」及能確保安全也都很重要。

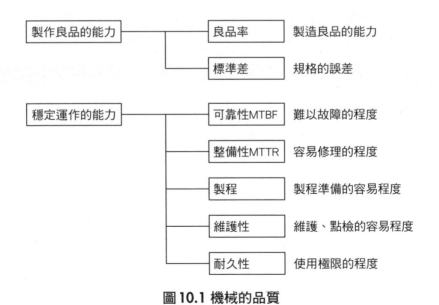

圖10.1 機械的品質

將製作良品的能力數值化

　　製造上要完全符合目標值是不可能的，所以會用公差指示允許的誤差範圍。例如：長150mm±0.2mm，當中的「±0.2mm」就是公差，下限值為149.8mm，上限值為150.2mm，在這區間內的就是良品。「良品率」是指公差範圍內的產品占所有產品的比率，而在範圍外的不良品所占的比率就是「不良率」。

　　此外，若100個產品中有100個良品，良品率就為100%。但是，這100個良品大多勉強在公差範圍149.8mm或150.2mm上；與100個都剛好是150.0mm，兩者雖然同樣是良品率100%，但誤差有所不同。而將這個誤差數值化的就是標準差。

表示誤差程度的標準差

　　表示誤差的方法有「範圍」及「標準差」。範圍是指最大值及最小值的差，不管測定值是10個還是100個，只關注在最大值及最小值這2個數值。雖然很客觀也很好懂，但並不能說是正確地表示實際的狀態。

　　因此，會使用將全部測定值的誤差數值化的標準差。在公差範圍內及恰好符合目標值這2種情形的差異可以明確地數值化。標準差的數值愈小，代表誤差愈小，能力愈好。

標準差的使用方法

　　這裡省略標準差的計算式，只要使用統計軟體Excel，按個按鍵就能馬上算出來。

　　標準差方便的點在於，只要測定值是常態分布，就能夠從公差來推測良品率。

標準差用 σ 表示，±2σ 內能達到95.5%，±3σ 內則為99.7%。

拿切紙機為例，測量切割後的尺寸，標準差 σ 為0.1mm時，公差若為±2σ（即±0.2mm）良品率就是95.5%；公差若為±3σ（即±0.3mm）良品率就是99.7%。順帶一提，若公差為±4σ（即±0.4mm）良品率會一口氣上升至99.994%，代表10萬個產品中只有6個不良品。如上所述，標準差能用來客觀地表示製作良品的能力。

表示可靠性的 MTBF

能夠維持多久不故障並連續運作，其數值化後就是「平均故障間隔時間」，又稱為MTBF。例如：「MTBF300小時」的機械，代表平均可以連續運作300小時。換個角度來看，就代表每300小時就會故障一次。也就是說，機械的MTBF數值愈大，可靠性就愈高。

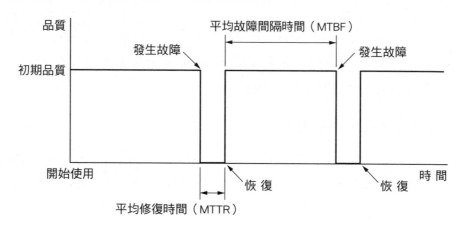

圖 10.2 MTBF 與 MTTR

202

表示整備性的MTTR

　　表示故障停止時所需要的恢復時間、修理時間，即「平均修復時間」，又稱為MTTR（圖10.2）。「MTTR20分鐘」的機械，就代表平均需要花費20分鐘才能完成修復。也就是說，機械的MTTR數值愈小，整備性就愈好。

MTBF 與 MTTR 的關係

　　「MTBF1000小時、MTTR10小時的機械」與「MTBF10小時、MTTR10分鐘的機械」，哪種機械使用起來比較方便呢？從每小時的稼動率來看，前者比較好，但在工作現場後者的機械比較受歡迎。這是因為不管機械可以持續運作多久，暫停時所需要的恢復時間MTTR愈長時，停止生產的時間就會愈長。長時間停止的現象現場會稱為產線停擺，這會導致無法遵守客戶的交期。

　　另一方面，後者幾分鐘的停止稱為暫時停止，指短時間內就能修復，所以對生產線的影響很小。此外，停止時間也能事先涵蓋在生產計畫中。生產現場需要不會產線停擺的機械。

交換不同種類零件的製程

　　為了生產不同種類的零件，需要使用專用的機械及準備與種類相對應數量的機台，成本上的負擔很大。因此，就要設法讓一台機台能夠生產數種零件。

　　變更程式就能夠處理是最理想的，但有時候還是需要更換部分的零件。這個更換零件的作業就稱為「製程」。

線外製程與線上製程

不需要停止機械的製程稱為「線外製程」，需要停止機械的製程則為「線上製程」。為了提升機械的稼動率，線上製程構造能夠縮短多少時間就代表該機械的能力。為了改善現場而使用的「快速換模法」，指只在10分鐘內進行線上製程的意思。

確保安全的失效安全

首先必須充分理解，即使是放在手掌上大小的馬達、汽缸，也有著人無法阻止的力量。特別是在旋轉時，即使轉速很慢，被捲進去仍是非常危險的事。如同鑽床、車床加工中禁止戴手套操作的道理，在機械旋轉處設置固定外板、開闔式外板上安裝感測器，只要外板一打開就會瞬間停止，設置這種安全對策是必要的。

此外，發生停電或是操作錯誤等非預期故障時，也能安全運作的設計，稱為失效安全（fail-safe）。比起產品的品質、機械的耗損，優先確保人的安全是這項設計的核心思想。這是以「機械一定會故障」為前提來設計。傾倒就會自動熄火的煤油暖爐、過熱時就會切斷保險絲的吹風機等都是失效安全設計的範例。

防止人失誤的防呆裝置

另一方面，以「人不管多小心一定會失誤」為前提的設計就是防呆裝置（fool proof）。這是防止操作錯誤的設計，生活周遭的產品也有導入這樣的設計理念，例如沒蓋上洗衣蓋就不會運轉的洗衣機、汽車若沒有進入P檔引擎就不會發動等等。

標準化的目的

為什麼需要標準化

　　簡單來說標準化就是決定好規則，按規定來進行。機械設計中的標準化對象包含設計的步驟、零件的材料、購買的商品、圖面。

　　為什麼需要標準化呢？因為可以「在最短時間」、「用最低成本」、「製造品質良好的機械」。產品配合客戶的需求擁有愈來愈多功能，產品的壽命也愈來愈短。為了要開發適合這些趨勢狀態的機械，標準化有許多優點，如下：

① 流用圖面來「縮短設計時間」。

② 使用有實際成果的標準品來「提升可靠性」。

③ 縮小採購商品的範圍來「降低成本」。

④ 估價、交涉價格的「減少排程」。

⑤ 備用零件的「減少庫存」。

縮短設計時間及提高可靠性

　　只要使用有實際成果的圖面或商品，就能大幅減少繪製新圖面及選購的時間。藉由縮短這部分的時間，就能夠專注在本來該花費心力的技術上。

　　此外，因為過去已經有實際成果了，所以加工性、組裝容易程度、調整容易程度都接受過驗證。藉此能夠大幅降低遇到新問題的風險，進而提升可靠性。

降低成本及減少排程

藉由標準化來縮小需要分配的材料、商品種類的範圍，只需要最少張數的訂購單，也不需要每次都估價跟交涉價格。此外，只要增加同一種商品的購買數量，就可能交涉降低成本。驗收也變得容易，管理多餘的材料時，由於種類變少了管理上也變得比較輕鬆。

減少備用零件的庫存

磨損零件、軸承等的備用零件若能標準化，就可以減少現場保存的零件種類及數量。此外，藉由減少種類，維修負責人不需要掌握這麼多種零件的特性，也能減少維修所耗費的時間。

標準化是為了彰顯個性

有些人說推動標準化，設計師就變得不需要思考了，但事實上是相反的。因為推動標準化，能夠縮短設計時間，進而可以專注在必須創新的部分，所以能夠彰顯個性。若沒有標準化，每次都得從頭開始繪製圖面、從頭開始選購商品，花費的設計時間非常長，太過忙碌根本沒有餘力，就沒有足夠的時間來彰顯個性。

必須要重新評估標準品

每年都會發表充滿魅力的新商品，也有降低成本的相關提案，所以每隔數年就必須檢視標準品一次。

因此，選定標準品時檢視的品質、成本、交期等資料都必須留下紀錄。根據過往的經驗，能夠更有效地進行重新評估的作業。

標準化範例的介紹

什麼是標準化

　　標準化沒有正確答案，請自行尋找最適合的標準化。此時，可以參考材料、商品、設計的範例，這裡來逐一介紹。

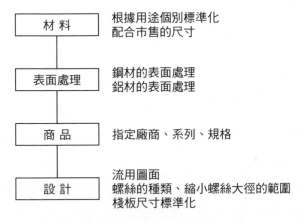

圖 10.3 標準化的對象

挑選材料的著眼點

　　首先來看材料的標準化。挑選材料時最初的判斷基準是「輕盈」。需要輕盈的材料時，會選用鋁材。其重量為鋼材的3分之1，適用於可動部的輕量化。

　　優點是能縮小馬達、汽缸等動力源的體積，價格也較便宜，支撐結構也較單純。此外，可動部若變輕就能夠更快速地動作，所以生產能力也會上升。然而鋁材的缺點為強度不足，這部分可用第6章介紹過的斷面形狀來調整彌補。

　　另一方面，若不要求重量，則可選擇使用比鋁材便宜的鋼材。

鋼材標準化

首先從碳鋼中做選擇，只有在碳鋼無法達到目的時才會使用合金鋼。碳鋼是通用材料，選擇的步驟如下：

① 材料表面加工少或是要熔接時，選擇SS400。

② 材料表面加工多或是要淬火‧回火時，選擇S45C。

③ 要防止加工變形時，選擇SS400的退火材或S45C。

④ 薄板選擇SPCC、要耐磨時選擇SK95的原材料或淬火‧回火。

⑤ 若要耐侵蝕時，選擇SUS304或加工性良好的SUS303。

鋁材標準化

通用材料選擇A5052或A6063，而要求強度時選擇A7075。薄板則使用A1100P。語尾的P是Plate（板子）的意思。

不過鋁板容易受損，所以不需要重量較輕的薄板時，適合使用碳鋼的SPCC。

外形配合市售品的尺寸

從減少加工的角度來思考。零件的厚度及寬度若能配合市售的材料尺寸設計，就只需要加工長邊方向兩端的面即可。若需要加工全部的面，總共會有6個面，相較之下只加工2個面會非常有效率。

每間廠商的鋼材尺寸會有些差異，所以要向廠商索取扁鐵（扁鋼）、圓棒、角棒等各種形狀的材料尺寸表，設計時隨時注意這些尺寸。此時，一定要取得表面光滑的磨光材尺寸資訊，而不是被黑鏽所包覆的黑皮材資訊。

SS400、S45C扁鋼磨光材市售尺寸的範例（單位mm）

厚＼幅	9	12	16	19	22	25	32	38	50	75	100	125	150
3	●	●	●	●	●	●	●	●	●				
4.5	●	●	●	●	●	●	●	●	●				
6	●	●	●	●	●	●	●	●	●	●	●		
9		●	●	●	●	●	●	●	●	●	●	●	●
12			●	●	●	●	●	●	●	●	●	●	●
16				●	●	●	●	●	●	●	●	●	●
19					●	●	●	●	●	●	●	●	●
22						●	●	●	●	●	●	●	●
25							●	●	●	●	●	●	●

圖10.4 配合市售的尺寸

表面處理標準化

鋼材的防鏽處理依據圖面的尺寸精度來分別使用。精度高的鋼材，適合膜厚較薄的染黑處理或可以指定膜厚的無電解鎳電鍍。不過，染黑的防鏽效果會隨使用環境而下降，這點必須多加注意。

不需要精度的普通公差中，一般會使用價格便宜的鉻酸鹽處理。需要耐磨時會使用硬鉻電鍍、需要滑動性或剝離性則使用「NEDOX®」。

此外，一般來說鋁材不需要表面處理，但想提高耐蝕性時會用陽極處理、想防止受損會用硬質陽極處理、想要滑動性或剝離性時則考慮用「TUFRAM®」。

除此之外，日本各家廠商有提供各種功能的表面處理，所以若有特別關注的商品，直接向廠商索取試用品來做事前調查也是一種方式。

商品的標準化

　　縮小採購的商品範圍也是有效的方式。限縮範圍以「指定廠商」、「指定系列」、「指定規格」這3個階段來思考。首先是指定廠商。各家廠商的汽缸、馬達、感測器規格都很類似，事實上都是根據設計師的喜好來決定。這樣會造成多批少量，資材採購部門與廠商的價格交涉也會變得困難。因此，首先要限縮廠商數量，如汽缸用A廠商、馬達用B廠商、感測器用C廠商，需要這種標準化做法。

　　下一個標準化階段是指定系列。同一間廠商也會出推出許多系列的商品，決定使用當中哪個系列就是標準化。而最理想的標準化是指定規格，藉此設計師可以完全省略掉挑選的作業。

　　例如以推動汽缸標準化為例，汽缸就是指定廠商；電磁閥或歧管就是指定系列；而空氣過濾器、調節器或消音器就是指定規格。

向2間廠商採購的好處

　　採購時，選擇能從2間廠商採購的商品是不可動搖的規則。2間廠商採購，是指同樣規格的商品能向2間以上的廠商購買。這個目的是為了降低成本以及穩定地取得商品。若有2間以上的廠商，可以藉由投標方式以更便宜的價格採購，也可以要求交期。換句話說，買方能夠擁有決定權。相對地，若只能從1間廠商購買時，因為廠商知道自己獨賣，價格與交期會變成由賣方來決定。

　　此外，若能從2間廠商採購，若其中1間有什麼突發狀況導致難以取得商品或趕不上交期時，可以向另1間廠商採購，所以能穩定地取得商品。

實際上，採購時不是只靠對方的價格與交期來決定，還需要綜合判斷對方應對的好壞、售後服務的體制等等。因此，向2間廠商採購相互比較是非常有效的方法。

組件標準化

組合加工零件及商品來發揮1種功能，該組合就稱為組件或構件。例如夾緊工件的夾頭。只要設計1個這種組件，夾緊工件的大小、重量在一定的條件下都可使用同個組件。若超過使用條件，只要更換爪部分的零件即可，除了爪以外的組件都可以標準化。

此外，底座也是容易標準化的組件。底座的基本規格為長度×深度×高度。不是根據狀況來個別設計，而是事先備齊各種尺寸的長度及深度，高度則統一成1種。底座的外板或設置在底座下方的腳輪水平螺栓都能指定規格，所以這也是很容易標準化的範例。

螺絲種類標準化

選擇螺絲時需要決定「種類」、「螺絲大徑」、「長度」。當中，長度是由工件的材質及厚度來決定，所以難以標準化，但是種類及螺絲大徑標準化的效果很好。

比方說可以縮小範圍成以下4種，即不需要外力的小零件用「圓頭小螺絲」、固定外板時活用外觀佳及螺絲頭低的「大扁頭小螺絲」、一般的加工零件使用緊固力大的「內六角孔螺栓」、不需要工具則使用「樹脂頭旋鈕」。

螺絲大徑標準化

限縮螺絲大徑的範圍也很有效果。例如：1個零件需要使用M3、M4、M5、M6、M8這5種螺絲時，大的可以兼容小的使用，所以去除M3及M5，限縮為M4、M6、M8，就只要3種加工即可。螺紋加工需要鑽孔及攻牙器這2種加工，所以藉由減少種類能大幅提升加工效率。

此外，使用的螺絲個數雖然按照慣例不管固定零件的大小為何，都必須使用4根螺絲，但很多時候其實只要2根就好。需要的螺絲個數減半，鑽孔加工、攻牙器加工、鎖緊螺絲的次數、螺絲的個數也能減半。當做基準的零件除了需要承受較大的外力或衝擊外，都以2根螺絲固定為主。

深沉頭孔的參考尺寸

為了讓內六角孔螺栓的螺絲頭沉到表面下，會進行深沉頭孔加工。這個深沉頭孔的直徑、深度，以及切孔徑都是按照圖10.5的螺絲大徑來決定，非常方便。

（單位mm）

螺絲大徑	M 3	M 4	M 5	M 6	M 8	M 10
切孔徑	4	5	6	7	10	12
深沉頭孔徑	6.5	8	9.5	11	15	18
深沉頭孔深度	3.5	4.5	5.5	6.5	8.5	11

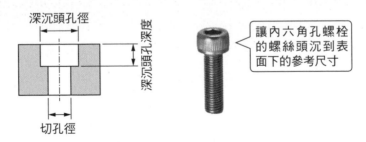

讓內六角孔螺栓的螺絲頭沉到表面下的參考尺寸

圖 10.5 深沉頭孔的參考尺寸

棧板尺寸標準化

棧板、托盤的外形尺寸標準化也很有效益。本來根據裝載的產品、零件尺寸形狀，製作裝載個數更多的配置效率愈好。但是，若用這種想法決定外形尺寸，每當產品及零件改變時，棧板尺寸就會不同。而棧板、托盤通常會需要使用很多片，這樣變成還需要增加能收納的齒條。若每個棧板都要自動搬運，每次都需配合棧板的寬度設計齒條或傳動帶。

因此，將發想次序倒過來即可。先將棧板的外形尺寸標準化，再按照這個尺寸來決定裝載物的配置及個數。藉此齒條及傳動帶都可以標準化。不過，很難只靠1種尺寸來對應，所以需要標準化數種尺寸。設定這個尺寸需要使用下一節介紹的「標準數」。

何謂標準數

JIS規定「在工業標準化、工業設計上決定數值時，所使用的選定基準就是標準數」（圖10.6）。將標準數運用在前面的棧板外形尺寸。

標準數為等比數列，使用$\sqrt[5]{10}$或$\sqrt[10]{10}$的等比。$\sqrt[5]{10} \fallingdotseq 1.60$，所以持續乘以1.6，即為1、1.60、2.50、4.00、6.30，這以R5來表示。此外，$\sqrt[10]{10} \fallingdotseq 1.25$，所以持續乘以1.25，即為1、1.25、1.60、2.00、2.50、3.15、4.00、5.00、6.30、8.00，這以R10來表示。

利用這個標準數，例如棧板外形尺寸可以使用100×160mm、160×250mm、250×400mm來標準化；也可使用100×125mm、160×200mm來標準化。

種類	標準數										等比數列的公比
R5	1.00		1.60		2.50		4.00		6.30		$\sqrt[5]{10} \fallingdotseq 1.60$
R10	1.00	1.25	1.60	2.00	2.50	3.15	4.00	5.00	6.30	8.00	$\sqrt[10]{10} \fallingdotseq 1.25$

注：省略JIS Z 8601、R20及R40。

圖10.6 標準數

標準化由上而下來進行

到這裡為止介紹了標準化的範例，請從能力所及的範圍開始推動標準化。

不過實際上推動標準化時，會有一道難關在等著各位。那就是「贊成總論，反對各論」。設計師會有自己喜好的廠商，比方說汽缸喜歡用A廠商，馬達則是B廠商。但是，若要推動標準化，就需要使用至今未使用過的廠商商品。即使能夠理解標準化的好處，但內心還是會有很大的反彈。雖然可以理解設計師的心情，但這就會導致難以推動標準化。

因此，就算是由工作成員來挑選標準品，最終決策還是只能靠部長等由上而下來進行。雖然這種說法不太好，但確實沒有「業務指示」就難以推動標準化。若由上而下的進行方式很困難，也不要放棄，就算只有身邊的成員參與也好，請先推動標準化。就算是自己1個人的標準化也沒關係。藉此累積經驗，隨著職位的提升，請試著擴大標準化的適用範圍。

今後的精進方法

為了增加知識

要提升設計的技能,需要累積「知識」及「實踐」。這是基本中的基本,但機械設計只有確實地累積才能提高本領。

要增加知識就必須「多讀」、「多聽」、「多查看」。多閱讀相關的書籍與專業雜誌、多參加研修、多聽取來自主管或現場的資訊、多查看前輩所開發的機械、多去展覽會或工廠參觀查看同業或不同業界的機械。不過,並不只是單純地「看」,要像醫師診斷一樣仔細地「查看」是最重要的。

展覽會推薦在主要城市舉辦的「機械零件技術展」。這種展覽會就算沒有主力商品,每年還是會舉辦。不只是展示品,還能感受業界的趨勢,也是有趣之處。若去了現場,有什麼不懂的地方,不要客氣多多提問。

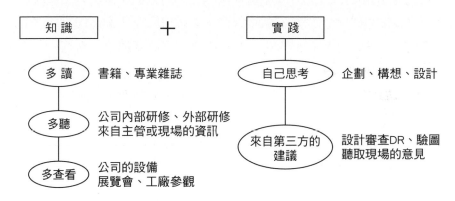

圖11.1 知識與實踐

參加廠商主辦的研討會

當做動力源的汽缸及馬達，若能使用實機來學習效果最好。這時候參加廠商主辦的研討會就是最好的方法。因為實機會當做演練工具使用，所以可以加深理解。從廠商的官網就能申請，所以請一定要積極參與。

必要的基本知識及專門知識

製造需要的基礎知識為「解讀圖面的知識」、「材料知識」、「機械加工知識」這3種。此外，專門知識需要思考用的「機械設計知識」及繪製圖面用的「製圖知識」。本書主要介紹了「機械設計知識」的基礎。

若知識不足夠請一定要去補足，這裡介紹本書的相關書籍供參考。

圖面：《圖解看懂工業圖面》（日本圖書館協會選定圖書）
材料：《圖解加工材料》
加工：《圖解機械加工》
製圖：《圖解工業製圖》

以上書籍的日文版由日本能率協會管理中心出版，繁體中文版則由易博士出版社出版。

為了增加實戰經驗

機械設計上累積經驗是最有效的學習方式。在實戰中，獲得第三方的建議是提升本領最好的機會。設計的過程中來自前輩或主管的建議、設計審查DR時其他部門所指出的問題點、驗圖時專業技術員指出的問題點都是很好的教材。

此外，也可以聽取作業員的意見，如自己繪製的圖面有無難以加工的地方、有無難以組裝或調整的地方、機械使用上有無問題。這些建議或資訊都要好好運用在下一個設計中。

製作自己的知識集

設計的過程中會獲得各式各樣的資訊。這些珍貴的資訊不要只是聽過就好，請務必記錄下來。推薦1張A4紙筆記1個項目，不用分類直接一張張收納進檔案夾裡。也不需要電子化，持有紙本的效果最好。設計時可以放在旁邊。

希望可以和這個獨創的檔案夾放在一起的是《JISにもとづく機械設計製図便覧》（以下簡稱《製図便覽》）（大西清著，理工學社出版）。這本書從1955年出版以來改訂多次，是被譽為機械設計聖經的長期暢銷書。書中提供各種材料、機械零件的詳細數據參考。雖然《製図便覽》是用工學術語撰寫，但只要掌握本書的基礎知識，相信再去閱讀《製図便覽》不會太困難。請將它當做字典來活用。

一邊在紙上描繪一邊思考

推薦在思考的階段一邊在紙上描繪一邊思考。不是在腦袋還是空白的狀態下去繪製CAD，而是在構想階段於桌前在紙上描繪的同時確認想法。然後，構想確立後再用CAD一口氣製圖。

換句話說，思考的過程用「傳統式」，繪圖的過程則用「電子式」。這不僅限於機械設計，小說家、音樂家、汽車設計師、頂尖人才都能擅長區分使用傳統式及電子式。並不是都使用電子式最好。

相信自己的直覺

累積經驗提升技術後，只要看計畫圖就會知道問題出在哪裡。這個視點即是「平衡」。迅速地看一眼時，感到不太平衡的圖面一定有問題。這種平衡很難用文字來說明，但只要累積經驗就能從計畫圖看出端倪，總覺得格格不入的地方就靠「直覺」去理解。直覺是靠累積經驗來掌握，所以跟單純的「瞎猜」不一樣，是可以信賴的。請記得直覺對技術員來說是非常重要的技能。

為了遵守設計的日程

機械設計上阻礙的高牆，除了「如何進行最佳設計」這種單純的技術問題外，還有「如何遵守日程」這種管理面的問題。不同於按照既定順序的作業，設計是無中生有，所以實際上很難控制時間。經驗愈少愈難掌控時間，所以請頻繁地向主管報告進度。日程管理上，請主管或前輩協助是關鍵。就算只有幾分鐘也好，建議每天口頭報告進度。

享受機械設計

仔細想想，經手動輒數百萬、數千萬日圓的機械設計，在私人生活中不可能有這種機會。然後，自己反覆思考設計出的機械在生產現場會被使用好幾年，甚至數十年，身為設計師沒有比這個更開心的事了。當然必須承擔的壓力也不小，但請一邊感受當中的樂趣，一邊享受設計的過程。

結語

　　我現在扛著生產技術顧問的頭銜從事協助改善現場的工作，但其實之前在電子零件廠從事了21年自動組裝機、測量儀等機械設計的開發。即使如此，執筆的第6本書才終於能夠介紹「機械設計」，這也透露出我是把最喜歡的食物留到最後的性格。

　　我出社會時的機械都是凸輪式。1根旋轉軸就能做出各種的動作，那時感受到的不可思議和樂趣至今仍然記憶猶新。雖然第一次的圖面有了形體時讓我非常的感動，但因為很難加工、很難組裝及調整常常被加工現場的人罵。才想說終於搞定了，下次換被生產現場的人罵，因為太常故障停止。總而言之，年輕時期就是不斷地被罵。但是，對於之後成為技術員的我來說，這些經驗真的受用無窮。

　　今後要從事機械設計的各位讀者也請不要畏懼失敗，請好好發揮自身的個性，享受機械設計的樂趣。祝福大家能以技術者的身分充滿元氣地活躍於工作現場。

　　最後，繼前一本書《圖解機械加工》，謝謝我的編輯渡邊敏郎，一路上討論的過程非常開心。由衷感謝。

令和元年（2019年） 春天

西村 仁

中日英文對照表及索引

中文	日文	英文	頁次
力矩	トルク		20
上模板	上型のパンチ		152
下模板	下型のダイ		152
千斤頂	ジャッキ		36
公制螺紋	メートルねじ	metric thread	55
分厘卡	マイクロメータ	Micrometer	54
分厘卡測頭	マイクロメータヘッド	Micrometer head	183
止轉	回り止め		77
凸輪分割器	インデックスカム	Index Cam	39
凸輪從動件	カムフォロア	Cam follower	86
凸輪機構	カム機構		37
出貨檢驗	出荷検査	OQC（Out-going Quality Control）	21
加工餘量	削り代		150
平行銷	平行ピン		70
平齒輪	平歯車	spur gear	41
光電感測器	光電センサ	photoelectric senso	187
光纖感測器	ファイバセンサ	fiber sensor	187
回饋控制	フィードバック制御		193

曲柄搖桿機構	てこクランク機構	lever crank mechanism	33
伺服馬達	サーボモータ	Servomotor	100
夾頭	チャック	chuck	107
步進馬達	ステッピングモータ		99
汽缸	シリンダ		94
車床	旋盤	lathe	145
周節	ピッチ		43
定位珠	ボールプランジャ	Ball Plunger.	87
直線軸承	直動ベアリング		76
近接感測器	接近センサ	proximity sensor	187
背隙	バックラッシュ	backlash	44
基準圓直徑	基準円直径		42
張力線圈彈簧	引張コイルばね		84
張緊輪／張力器	テンションプーリ／テンショナ	Tension pulley ／ Tensioner	47
控制機構	制御機構		20
連桿機構	リンク機構		32
傘型齒輪	かさ歯車		41
單動氣壓缸	單動シリンダ		104
普通墊圈	平座金	plain washer	67
軸承	軸受		19
進料檢驗	受入れ検査	IQC（Incoming Quality Control）	21
集電弓	パンタグラフ	Pantograph	36

順序控制	シーケンス制御	Sequential Control	193
滑動軸承	すべり軸受		76
滑塊曲柄機構	スライダクランク機構	slider crank mechanism	33
萬向接頭	ユニバーサルジョイント	Universal Joint	72
葫蘆孔	ダルマ穴		184
電磁閥	電磁弁／ソレノイドバルブ	solenoid valve	108
滾柱從動件	ローラフォロア	Roller Follower	86
彈簧墊圈	ばね座金	Spring Washer	68
模數	モジュール	module	43
線上製程	内段取り		204
線外製程	外段取り		204
線性馬達	リニアモーター		101
蝸桿	ウォーム		41
蝸輪	ウォームホイール		41
衝程	ストローク		11
齒根圓直徑	歯底円直径		42
齒條	ラック	rack and pinion	41
齒間圓直徑	歯先円直径		42
整列治具板	振込治具		92
機械機構	メカ機構		20
錐形銷	テーパピン	Taper pin	70

壓縮線圈彈簧	圧縮コイルばね	helical compression spring	84
縮放機構	パンタグラフ機構	pantograph mechanism	33
螺帽	ナット	Nut	51
螺絲牙公稱	ねじの呼び		56
螺線管	ソレノイド	Solenoid	109
雙曲柄機構	両クランク機構	double crank mechanism	33
雙動氣壓缸	複動シリンダ		104
雙搖桿機構	両てこ機構	double lever mechanism	33
離合器	クラッチ	clutch	73
驅動器	アクチュエータ	Actuators	94
襯套	ブッシュ		76

國家圖書館出版品預行編目資料

圖解機械設計／西村仁著；蘇星壬譯. -- 初版. -- 臺北市：易博士文化, 城邦文化事業股份有限公司出版：
英屬蓋曼群島商家庭傳媒股份有限公司城邦分公司發行, 2023.02
　　面；　公分
譯自：機械設計の知識がやさしくわかる本
ISBN 978-986-480-257-9(平裝)

1.CST: 機械設計

446.19　　　　　　　　　　　　　　　　　　　　　　　　　111019590

DA3010
圖解機械設計

原 著 書 名／	機械設計の知識がやさしくわかる本
原 出 版 社／	日本能率協会マネジメントセンター
作　　　者／	西村仁
譯　　　者／	蘇星壬
責 任 編 輯／	黃婉玉

業 務 經 理／羅越華
總 編 輯／蕭麗媛
視 覺 總 監／陳栩椿
發 行 人／何飛鵬
出　　　版／易博士文化
　　　　　　城邦文化事業股份有限公司
　　　　　　台北市中山區民生東路二段141號8樓
　　　　　　電話：(02) 2500-7008　傳真：(02) 2502-7676
　　　　　　E-mail：ct_easybooks@hmg.com.tw
發　　　行／英屬蓋曼群島商家庭傳媒股份有限公司城邦分公司
　　　　　　台北市中山區民生東路二段141號2樓
　　　　　　書虫客服服務專線：(02)2500-7718、2500-7719
　　　　　　服務時間：周一至週五上午0900:00-12:00；下午13:30-17:00
　　　　　　24小時傳真服務：(02)2500-1990、2500-1991
　　　　　　讀者服務信箱：service@readingclub.com.tw
　　　　　　劃撥帳號：19863813　戶名：書虫股份有限公司
香港發行所／城邦(香港)出版集團有限公司
　　　　　　香港灣仔駱克道193號東超商業中心1樓
　　　　　　電話：(852)2508-6231 傳真：(852)2578-9337
　　　　　　E-mail：hkcite@biznetvigator.com
馬新發行所／城邦（馬新）出版集團 Cite (M) Sdn Bhd
　　　　　　41, Jalan Radin Anum, Bandar Baru Sri Petaling,
　　　　　　57000 Kuala Lumpur, Malaysia.
　　　　　　Tel：（603）90563833　　Fax：（603）90576622
　　　　　　Email:services@cite.my
美 術 編 輯／陳姿秀
封 面 構 成／陳姿秀
製 版 印 刷／卡樂彩色製版印刷有限公司

Original Japanese title: KIKAI SEKKEI NO CHISHIKI GA YASASHIKU WAKARU HON
Copyright © Hitoshi Nishimura 2019
Original Japanese edition published by JMA Management Center Inc.
Traditional Chinese translation rights arranged with JMA Management Center Inc.
through The English Agency (Japan) Ltd. and AMANN CO., LTD.Taipei.

2023年2月7日 初版1刷
ISBN 978-986-480-257-9(平裝)
定價1000元　　HK$333

城邦讀書花園
www.cite.com.tw